Digitalitätsforschung / Digitality Research

Reihe herausgegeben von

Sybille Krämer, Institut für Kultur und Ästhetik Digitaler Medien, Leuphana Universität Lüneburg, Lüneburg, Niedersachsen, Deutschland

Jörg Noller, Lehrstuhl I für Philosophie, Ludwig-Maximilians-Universität München, München, Bayern, Deutschland

Malte Rehbein, Lehrstuhl für Digital Humanities, Universität Passau, Passau, Bayern, Deutschland

Das Phänomen der Digitalisierung ist erst seit kurzem in den Fokus der geistes- und kulturwissenschaftlichen Forschung gerückt, nachdem es in weiten Teilen der Gesellschaft Fuß gefasst hat. Philip Specht, Autor des Buches „Die 50 wichtigsten Themen der Digitalisierung", vertritt die These, die Digitalisierung werde uns „mit der wohl größten zivilisatorischen Herausforderung konfrontieren, die es je zu bewältigen galt." (Specht 2018, 10) Sollte dies zutreffen – und vieles spricht dafür –, dann dürfen gerade auch die Geistes- und Kulturwissenschaften dazu nicht schweigen. Bislang gibt es noch keine Reihe, die das Phänomen der Digitalisierung aus dezidiert geistes- und kulturwissenschaftlicher Perspektive behandelt. Hierfür soll der Begriff der „Digitalität" im Gegensatz zum rein technischen Begriff der „Digitalisierung" verwendet werden. Während die Digitalisierung das technische Phänomen der Umwandlung analoger in digitale Information betrifft, reflektiert die Digitalität von einer Metaebene auf diese Transformation. Sie betrifft diese Transformation hinsichtlich ihrer kulturellen, ästhetischen, ontologischen und ethischen Bedeutung. Die neue Metzler-Reihe soll ein Forum für Analysen dieses Phänomens aus unterschiedlichen Perspektiven der Kultur- und Geisteswissenschaften bieten.

Wissenschaftlicher Beirat
Daniel Martin Feige (Stuttgart), Luciano Floridi (Oxford), Markus Gabriel (Bonn), Gabriele Gramelsberger (Aachen), Ruth Hagengruber (Paderborn), Uta Hauck-Thum (München), Gerhard Lauer (Basel), Janina Loh (Wien), Christoph Lütge (München), Sebastian Ostritsch (Stuttgart), Arno Schubbach (Zürich/Basel), Walther Ch. Zimmerli (Berlin)

Weitere Bände in der Reihe http://www.springer.com/series/16645

Uta Hauck-Thum · Jörg Noller
(Hrsg.)

Was ist Digitalität?

Philosophische und pädagogische Perspektiven

 J.B. METZLER

Hrsg.
Uta Hauck-Thum
Ludwig-Maximilians-Universität München
München, Deutschland

Jörg Noller
Ludwig-Maximilians-Universität München
München, Deutschland

ISSN 2730-6909 ISSN 2730-6917 (electronic)
Digitalitätsforschung / Digitality Research
ISBN 978-3-662-62988-8 ISBN 978-3-662-62989-5 (eBook)
https://doi.org/10.1007/978-3-662-62989-5

Die Deutsche Nationalbibliothek verzeichnet diese Publikation in der Deutschen Nationalbibliografie; detaillierte bibliografische Daten sind im Internet über http://dnb.d-nb.de abrufbar.

© Der/die Herausgeber bzw. der/die Autor(en), exklusiv lizenziert durch Springer-Verlag GmbH, DE, ein Teil von Springer Nature 2021
Das Werk einschließlich aller seiner Teile ist urheberrechtlich geschützt. Jede Verwertung, die nicht ausdrücklich vom Urheberrechtsgesetz zugelassen ist, bedarf der vorherigen Zustimmung der Verlage. Das gilt insbesondere für Vervielfältigungen, Bearbeitungen, Übersetzungen, Mikroverfilmungen und die Einspeicherung und Verarbeitung in elektronischen Systemen.
Die Wiedergabe von allgemein beschreibenden Bezeichnungen, Marken, Unternehmensnamen etc. in diesem Werk bedeutet nicht, dass diese frei durch jedermann benutzt werden dürfen. Die Berechtigung zur Benutzung unterliegt, auch ohne gesonderten Hinweis hierzu, den Regeln des Markenrechts. Die Rechte des jeweiligen Zeicheninhabers sind zu beachten.
Der Verlag, die Autoren und die Herausgeber gehen davon aus, dass die Angaben und Informationen in diesem Werk zum Zeitpunkt der Veröffentlichung vollständig und korrekt sind. Weder der Verlag, noch die Autoren oder die Herausgeber übernehmen, ausdrücklich oder implizit, Gewähr für den Inhalt des Werkes, etwaige Fehler oder Äußerungen. Der Verlag bleibt im Hinblick auf geografische Zuordnungen und Gebietsbezeichnungen in veröffentlichten Karten und Institutionsadressen neutral.

Das Bild des Reihencovers wurde erstellt von Marcel Ohrenschall unter Verwendung eines open access-Fotos von Alfons Morales.

Planung/Lektorat: Frank Schindler
J.B. Metzler ist ein Imprint der eingetragenen Gesellschaft Springer-Verlag GmbH, DE und ist ein Teil von Springer Nature.
Die Anschrift der Gesellschaft ist: Heidelberger Platz 3, 14197 Berlin, Germany

Zur Einführung

Der vorliegende Sammelband, der aus einer Münchner Tagung an der Ludwig-Maximilians-Universität aus dem Jahr 2019 hervorgegangen ist,[1] eröffnet die neue Reihe „Digitalitätsforschung / Digitality Research" im Metzler-Verlag. Der Band betrachtet das Phänomen der Digitalität vor allem aus philosophischer und kultureller, pädagogischer und didaktischer Perspektive – Bereiche, die sich gegenseitig ergänzen, sind sie doch historisch und systematisch aufs Engste miteinander verwandt. Bislang fehlt eine philosophische Reflexion von Digitalität, wurde sie bis dato in erster Linie kulturtheoretisch und soziologisch beschrieben.[2] Auch im Bildungsbereich wird der Begriff digital häufig nur als Eigenschaft von Technologien verstanden, ohne die Auswirkungen des kulturellen Wandels auf Prozesse des Lehrens und Lernens und auf fachliche Inhalte zu bedenken.

Was ist Digitalität? Der Schweizer Kultur- und Medienwissenschaftler Felix Stalder spricht davon, dass wir seit dem Jahr 2000 „eine neue kulturelle Konstellation" vorfinden, die durch die Bedingungen der Digitalisierung konstituiert ist (Stalder 2016, S. 11). Indem die Digitalisierung ein Teil unserer Lebenswelt geworden ist, betreten wir den Raum der „Digitalität". Während die Digitalisierung das technische Phänomen der Umwandlung analoger in digitale Information betrifft und dadurch zu einer Veränderung von Prozessen führt, die mit diesen Medien organisiert werden, bezieht sich Digitalität auf die lebensweltliche Bedeutung der Digitalisierung, die eine Realität eigener Art konstituiert, die mit unserer Realität interferiert, diese ergänzt und erweitert.

So viel steht fest: Das Phänomen der Digitalität erfordert gleichermaßen theoretische Reflexion und praktische Konkretisierung, um die damit einhergehenden technischen und kulturellen Herausforderungen begreifbar zu machen. Die AutorInnen dieses Bandes werfen in ihren Beiträgen deshalb weitgehend eine Doppelperspektive auf das Phänomen.

Den Anfang macht **Felix Stalder,** der Autor des Bandes „Kultur der Digitalität" (2016). Er kommt im Rahmen eines auf der Münchner Tagung geführten

---

[1]https://www.digitalitaet2019.philosophie.uni-muenchen.de
[2]So auch der Titel von Felix Stalders Buch „Kultur der Digitalität". Verwiesen sei an dieser Stelle auch auf die Forschungen von Manuel Castells.

Interviews zu Wort und legt relevante begriffliche Grundlagen, die die Unterscheidung von Digitalisierung und Digitalität betreffen, aber auch die Phänomene „Referenzialität", „Gemeinschaftlichkeit" und „Algorithmizität".

Walther Ch. Zimmerli stellt in seinem Beitrag die Begriffe des Digitalen und des Analogen ins Zentrum einer meta-philosophischen Betrachtung und bemüht sich um eine philosophische Klärung. Zimmerli argumentiert im Rahmen seiner philosophischen Begriffsanalyse dafür, die Begriffe des Analogen und Digitalen nicht als Gegensätze zu verstehen, sondern als miteinander verwoben. Er diagnostiziert dabei ein „Ende der Philosophie", das mit der Digitalisierung einhergehe, und das in einer Abkehr von der Position des Platonismus und des Cartesianismus bestehe.

Julian Nida-Rümelin lotet in seinem Interview die Chancen und Grenzen künstlicher Intelligenz aus. In diesem Zusammenhang thematisiert er die ethische Problematik, die damit einhergeht, und kritisiert die sogenannte „Silicon Valley Ideologie", der er seine Position eines „Digitalen Humanismus" entgegenstellt.

Jörg Noller entwickelt in seinem Beitrag, der den ersten Teil des Bandes abschließt, Grundzüge einer Philosophie der Digitalität, die sowohl ontologische, epistemologische wie auch ethische Dimensionen besitzt. Er stellt dabei den Begriff der Virtualität ins Zentrum und bemüht sich um eine philosophische Klärung und systematische Differenzierung dieses zentralen Begriffs, der auch aus pädagogischer Sicht relevant ist.

Axel Krommer eröffnet den 2. Teil des Bandes und beleuchtet in seinem Beitrag den aktuellen Diskurs über zeitgemäße Bildung primär aus kulturhistorischer Perspektive. Leitmedien werden dabei als Paradigmen verstanden, die Kultur und Gesellschaft maßgeblich beeinflussen. Vor diesem Hintergrund zeigt er auf, wie die Paradigmen der Oralität, Skriptografie, Typografie und Digitalität jeweils Lernen, Wissen und Bildung prägen. Der medienhistorische Paradigmenwechsel wird strukturell analysiert und auf die Bildungsdebatte bezogen. Als typisch-krisenhaftes Phänomen des Übergangs zwischen zwei Paradigmen wird schließlich das Konzept der palliativen Didaktik in den Blick genommen.

Uta Hauck-Thum richtet den Blick auf die Problematik stabiler Vorstellungen von Lehr- und Lernprozessen als Form der Wissensvermittlung, die sich auch im Kontext von Digitalisierung nur an der Oberfläche verändern. Sie verweist auf die Notwendigkeit einer grundsätzlichen Umgestaltung schulischer Organisationsstrukturen, Unterrichtsgegenstände, Lehr- und Lernprozesse, Themen und Lernorte gemäß der Kultur der Digitalität, um Kindern bereits in der Grundschule Bildungserfahrungen zu ermöglichen, die sie auf aktuelle Herausforderungen vorbereiten.

Micha Pallesche geht in seinem Beitrag auf die historische Entwicklung relevanter Strategien und mediendidaktischer Konzepte innerhalb der letzten 20 Jahre ein. Er beschreibt Zusammenhänge zur Ausrichtung wissenschaftlicher Forschungsprojekte, die bis heute dazu beitragen sollen, den vermeintlichen Mehrwert digitaler Medien im Unterricht zu messen und näher zu bestimmen. Davon ausgehend erläutert er den Einfluss der Kultur der Digitalität auf schulische Transformationsprozesse ebenso wie auf forschungsbezogene Fragestellungen.

Gerhard Lauer befasst sich mit dem Phänomen des Lesens digitaler Texte. Er argumentiert gegen das Vorurteil, wonach die Digitalisierung das Lesen von Büchern reduziere. Lauer zeigt in seinem Beitrag verschiedene neue Formen des Lesens und Schreibens auf, die mit der Digitalisierung einhergehen, und die vor allem jüngere Leserinnen und Leser betreffen.

Petra Anders nimmt die sich durch Medien verändernde Gesellschaft und die damit zusammenhängenden sozialen und kulturellen Prozesse aus deutschdidaktischer Perspektive in den Blick. Ihr Aufsatz führt in die Formen der Kultur der Digitalität ein, setzt diese in Bezug zur Bildung in der digitalen Welt und zeigt an deutschdidaktisch relevanten Lerngegenständen Förderungsmöglichkeiten der für die Digitalität relevanten Kompetenzen im Deutschunterricht auf.

Abschließend unterzieht **Philippe Wampfler** Formate politischer Kommunikation auf digitalen Plattformen der Analyse und verdeutlicht, dass die Kultur der Digitalität zu komplexen Formen von Beeinflussung geführt hat. Er hebt die Notwendigkeit hervor, die Vorstellung von Medienkompetenz grundsätzlich zu überdenken, weil nur situiertes Erfahrungswissen Aufschlüsse über die Funktionsweise politischer Kommunikation auf digitalen Plattformen geben kann.

Die Herausgeber hoffen, mit dem vorliegenden Band dazu beitragen zu können, Reflexionsprozesse anzuregen, relevante Zusammenhänge begrifflich zu klären und grundlegende Transformationsprozesse im Bildungsbereich auf einen sinnvollen und tragfähigen Weg zu bringen.

im Herbst 2020

Uta Hauck-Thum
Jörg Noller

Inhaltsverzeichnis

Philosophische und kulturelle Aspekte

Was ist Digitalität? 3
Felix Stalder

Analog oder digital? Philosophieren nach dem Ende der Philosophie ... 9
Walther Ch. Zimmerli

Digitaler Humanismus 35
Julian Nida-Rümelin

Philosophie der Digitalität 39
Jörg Noller

Pädagogische und didaktische Aspekte

**Mediale Paradigmen, palliative Didaktik und die Kultur
der Digitalität** 57
Axel Krommer

Grundschule und die Kultur der Digitalität 73
Uta Hauck-Thum

Mediendidaktische Konzepte und die Kultur der Digitalität 83
Micha Pallesche

**Netz-Gespräche und „marketplace of ideas" – was digitale
Plattformen für politische Kommunikation bedeuten** 97
Philippe Wampfler

Lesen digital 117
Gerhard Lauer

Die Kultur der Digitalität und der Deutschunterricht 127
Petra Anders

Philosophische und kulturelle Aspekte

Was ist Digitalität?

Felix Stalder

Dieser Beitrag ist die Abschrift eines Interviews mit Felix Stalder auf einer Münchner Tagung an der Ludwig-Maximilians-Universität aus dem Jahr 2019. Das Interview führte Marcel Ohrenschall.

Zusammenfassung

Das Interview behandelt folgende Fragen: Worin besteht der Unterschied zwischen Digitalisierung und Digitalität? In welchem Zusammenhang stehen die Begriffe „Referenzialität", „Gemeinschaftlichkeit" und „Algorithmizität" mit dem Thema Digitalität?

Schlüsselwörter

Digitalisierung · Digitalität · Referenzialität · Gemeinschaftlichkeit · Algorithmizität

1 Worin besteht der Unterschied zwischen Digitalisierung und Digitalität?

Digitalisierung ist, im ganz engen Sinn, der Prozess der Überführung eines analogen Mediums in ein digitales. Man legt ein Buch auf den Scanner und hat nachher ein elektronisches Buch. Interessanter ist aber Digitalisierung in einem erweiterten Sinn, der Veränderung von Prozessen, die mit diesen Medien

F. Stalder (✉)
Züricher Hochschule der Künste, Zürich, Schweiz
E-Mail: felix.stalder@zhdk.ch

organisiert werden. Dinge, die vorher mit analogen Medien organisiert wurden, werden nachher mit digitalen Medien organisiert. Aus dieser Perspektive ist Digitalisierung ähnlich wie Alphabetisierung. Auch diese kann man in einem engen Sinne verstehen, dass Menschen individuell Lesen und Schreiben lernen, und in einem weiten, dass die Gesellschaft als Ganzes sich verändert, weil Prozesse nun auf Basis von Schriftlichkeit und eben nicht Mündlichkeit organisiert werden. Digitalisierung ist ein ähnlicher Prozess, wo die Grundlagen gelegt werden, um neue Handlungsabläufe, aber auch neue Wahrnehmungsformen und neue Denkstrukturen zu entwickeln.

Die Digitalität hingegen ist das, was entsteht, wenn der Prozess der Digitalisierung eine gewisse Tiefe und eine gewisse Breite erreicht hat und damit ein neuer Möglichkeitsraum entsteht, der geprägt ist durch digitale Medien. Digitalität verhält sich Digitalisierung wie die Buchkultur zur Alphabetisierung. Aufgrund der breiten Verfügbarkeit und Anwendung neuer Kulturtechniken entsteht ein neuer kultureller Möglichkeitsraum, der natürlich immer auch mit spezifischen Einschränkungen verbunden ist. In dieser Feststellung steckt noch keine Wertung.

Von Digitalität kann man ungefähr seit dem Jahr 2000 herum sprechen., d. h. die Digitalisierungsprozesse waren dann bereits so weit vorangeschritten, dass wir sagen können, sie sind der dominante kulturelle Raum, in dem wir uns bewegen, bzw. die dominante Bedingung, unter der wir uns bewegen, ist nicht mehr die der Schriftlichkeit sondern eben der (bzw. die) der Digitalität.

2 Könnte man sagen, dass Digitalisierung der technische Entwicklungsprozess und Digitalität die Kultur der Digitalisierung ist?

Digitalisierung, so könnte man sagen, ist der Aufbau einer Infrastruktur – die ist nicht nur technisch, sondern umfasst auch das Lernen, diese zu benutzen. Digitalität hingegen das, was diese Infrastruktur dann möglich macht. Die Buchkultur war geprägt gewissen Vorstellungen: Linearität; Dinge hängen logisch miteinander zusammen; eins nach dem anderen; zuerst kommt die Ursache, dann die Wirkung: Alles hat seinen, einen festen Platz in einem geordneten Gefüge, das objektiv und idealerweise zeitlos ist usw. Entsprechend war Lernen fokussiert auf die Aneignung der notwendigen Kulturtechniken und der Vermittlung dieses geordneten Wissensuniversums, das sich, auf der kulturellen Ebene, ausdrückt in der Figur des Kanons, des objektiv relevanten Wissens. Entsprechend stand die Vermittlung von bereits bestehendem Wissen im Zentrum.

Die Digitalität ist geprägt von anderen Vorstellungen: Nicht-Linearität; assoziativen Verknüpfungen; Parallelität und Gleichzeitigkeit; Feedback, das Ursache und Wirkung verschmelzen lässt; ein Ding kann an mehreren Orten gleichzeitig sein; jede Position ist immer kontext- und zeitabhängig etc. Das sind zunächst einfach andere kulturelle Erfahrungen, die der Möglichkeitsraum der

Digitalität alltäglich werden lässt, die einen andere Selbst- und Welterfahrung nach sich ziehen. Das ist *per se* weder gut noch schlecht, sondern einfach anders.

Kulturtechniken, die vermittelt werden müssen, verändern sich, und die Art und Weise des Vermittelns und des Wissensaneignens verändert sich dabei ebenfalls. Ins Zentrum rücken Fragen der Orientierung innerhalb eines dynamischen und deshalb unübersichtlichen Raumes, und statt der Vermittlung unumstößlicher Wahrheiten, die Fähigkeit, Dinge immer wieder neu einschätzen zu können. Weil dies jede(n) Einzelne(n) alleine überfordern würde, sind Formen des Zusammenarbeitens und des gemeinsamen Reflektierens wichtiger als die des individuellen (Auswendig)Lernens.

3 Sie führen in Ihrem Buch drei Begriffe ein, die das Phänomen der Digitalität genauer beschreiben sollen: Referenzialität, Gemeinschaftlichkeit und Algorithmizität. Könnten sie erklären, in welchem Zusammenhang diese Begriffe genau mit dem Thema Digitalität stehen?

Diese drei Begriffe – Referenzialität, Gemeinschaftlichkeit und Algorithmizität – geben Grundmuster an, wie wir unter digitalen Bedingungen Bedeutung generieren, wie also Kultur entsteht. Kultur wird hier definiert als geteilte Bedeutung und alle Aushandlungsprozesse, die dazu führen, dass eine mal kleinere mal größere Gruppe von Menschen zu einem Übereinkommen finden. Das heißt, eine geteilte Einschätzung entsteht: Was ist richtig und was falsch? Was wollen wir und was nicht? Was ist schön, was ist hässlich? In Summe bietet Kultur Antworten auf die Frage an: Wie wollen und wie sollen wir leben?

Solche Übereinkommen sind natürlich immer umstritten, sie sind nie in Stein gemeißelt – d. h. es ist ein dauernder Prozess des Aushandelns, denn kein Übereinkommen, keine Antwort passt für alle und für lange. Also ist das immer ein Prozess der Bewegung. Teilweise geht dieser langsamer vonstatten, teilweise gibt es gewisse Dinge, die sehr lang stabil sind, bis sie es dann irgendwann nicht mehr sind.

Und man könnte es als Indikator der Zivilisiertheit sehen, ob diese Prozesse friedlich oder gewalttätig ablaufen, ob sie mit breiter Beteiligung oder durch Setzung einer Elite geschehen. In Summe entsteht aus diesen Aushandlungsprozessen eine kulturelle Ordnung. Die Verfahren, mit denen das geschieht, sind in der Digitalität spezifisch und diese drei Begriffe benennen einige der allgegenwärtigen.

Referenzialität bedeutet, dass jeder heute damit beschäftigt ist, aus einer unglaublichen Vielfalt von verfügbaren Referenzen – also bereits gemachten kulturellen Äußerungen, wie z. B. Bildern, Videos, Texten und so weiter – Dinge auszuwählen, und zu sagen, von diesen 100 Mio. Videos, die es gibt, ist mir jetzt gerade dieses eine wichtig. Das ist eine produktive Leistung, weil damit Aufmerksamkeit fokussiert wird. Das ist etwas, das wir inzwischen jeden Tag dauernd und ganz oft machen. Das sind die sozialen Netzwerke, die dafür da sind, dass wir eben ein Foto teilen können und sagen: „Hey, schaut euch das an!" Das Teilen bedeutet ja nur, dass ich sage, das ist mir so wichtig, ich will, dass auch andere das sehen.

4 Das ist sozusagen meine Referenz der Realität?

Ja, genau. Und aus diesen Bezügen zur externen Welt, die auch nicht einfach gegeben, sondern gemacht ist, entsteht ein Weltbild: Dinge, die ich sehe, Dinge, die meine Freunde sehen. Damit entsteht einerseits ein Horizont, der uns sagt, was wichtig und unwichtig ist, nämlich die Dinge, die wir sehen. Gleichzeitig konstituiere ich mich selbst in dem Horizont – dass ich der bin, der interessante Sachen dazu beiträgt. Das mache ich aber eben nicht alleine – das ist der zweite Begriff –, sondern das mache ich gemeinsam mit anderen, die meine Auswahl validieren, indem sie sagen: „Ja, das Bild, das du gemacht hast oder das du uns weiterleitest, kriegt ein Like, das finden wir auch gut." Damit sehe ich, dass das, was ich mache, auf eine Resonanz stößt, und gleichzeitig erweitern sie meinen Horizont – sie bestätigen ihn nicht nur, sondern sie fügen ihm auch weitere Elemente hinzu –, indem sie mir auch Dinge vorschlagen, die ich noch nicht gesehen habe, indem ich ihrem Twitterfeed folge oder ihre Sachen auf Facebook bekomme. Somit entsteht so etwas wie ein geteilter Horizont: Ich und meine Freunde oder meine Community oder wie sie das immer nennen wollen, wir sehen alle dasselbe, und entsprechend wissen wir, was richtig und falsch ist, was wichtig und unwichtig ist.

5 Und das basiert ja darauf, dass ich irgendetwas tun muss, damit ich Vorschläge auch bekomme anhand der Themen, die ich gelikt habe oder nicht?

Genau. Die Konstitution meines Horizonts geschieht einerseits Dinge die jede(r) Einzelne selbst erlebt, findet oder sieht, und anderseits über andere Leute, die mir Vorschläge machen. Aber das reicht nicht. Darunter sind – das ist das dritte Element – maschinelle Prozesse, automatisierte Prozesse, die mir Vorschläge machen, beispielsweise wie folgt: Hat jemand die letzten zehn Katzenbilder gut gefunden, dann wird ihm oder ihr ein elftes Katzenbild gezeigt, in der Erwartung, dass das wieder gefallen wird. Das ist eine algorithmische Auswahl. Das Like, das die Person dann unter dieses Bild setzt, ist eine human-kognitive Bestätigung dieser maschinischen Auswahl, die auch als Feedback für die stete Anpassung dieses Algorithmus genutzt wird. Je größer, dynamischer und ungeordneter das Informationsuniversum ist, in dem man sich bewegt, desto wichtiger werden diese algorithmischen Vorsortierungen, die die Informationsmenge in eine

Größenordnung und in Formate bringt, die der menschlichen Wahrnehmung zugänglich ist. Erst wenn Google mir 100 Mio. mögliche Links auf 10 Links pro Suchresultat reduziert hat, kann ich anfangen, mich inhaltlich mit der darin enthaltenen Information auseinander zu setzen. Dann ist aber natürlich schon sehr viel entschieden. Nur sehen wir das nicht.

Das heißt, wir haben eigentlich drei Auswahl- und Sortiermechanismen, nämlich das Referenzieren, das gemeinschaftliche Bewerten und aber auch das algorithmische Vorsortieren, die bestimmen, wie Kultur gemacht wird, indem durch sie bestimmt wird, was ich sehe, wie ich mich selber in dem Raum konstituieren kann, und – weil es ja nicht nur darum geht, etwas zu sehen, sondern auch Zugang zu Dingen zu bekommen – wie ich handeln kann, welche Tür mir sozusagen aufgeht und welche Tür mir zugeht.

Analog oder digital?
Philosophieren nach dem Ende der Philosophie

Walther Ch. Zimmerli

> Der vorliegende Text steht im Zusammenhang eines größeren Vorhabens zur Digitalisierung im Rahmen einer Theorie der technologischen Zivilisation („Wissen ist Machen") und entwickelt Gedanken weiter, die ich in den letzten Jahren verschiedentlich vorgetragen habe, zuerst am 07.03.2018 unter dem gleichen Titel bei meiner Inaugural Lecture als EURIAS Senior Research Fellow am Schweizer Wissenschaftskolleg Collegium Helveticum von ETH und Universität Zürich; vgl. auch Zimmerli 2018a, S. 38.

Zusammenfassung

Die Digitalisierung verändert nicht nur unsere Welt und unser Leben in ihr, sondern auch die Art und Weise, wie wir sie philosophisch erfassen. Ausgehend von einer detaillierten Klärung der Begriffe „digital" und „analog" wird die Hauptthese entwickelt: So lange wir Menschen in hybriden Mensch-Maschine-Systemen leben, müssen wir unsere digitale Umwelt ständig re-analogisieren, ein Vorgang, der in anderem Kontext „Interpretation" heißt.

Dass die Digitalisierung das Ende der klassischen Philosophie bedeutet, wird an zwei von deren Eckpfeilern illustriert: am Platonismus, demzufolge Verstehen letztlich auf einer Reduktion der Vielheit der Phänomene auf die Einheit der Ideen, d. h. der Allgemeinbegriffe beruht, und am Cartesianismus, der mit seiner Forderung, wissenschaftliches Wissen müsse zweifelsfrei bewiesen sein, bis in die heutige Erkenntnis- und Wissenschaftstheorie hinein wirkt. Wie an einer Neuinterpretation von Turings Imitationsspiel („Turing-Test") gezeigt wird, mündet das in

W. Ch. Zimmerli (✉)
Humboldt-Universität zu Berlin, Berlin, Deutschland
E-Mail: walther.ch.zimmerli@hu-berlin.de

eine Rehabilitierung der Täuschung „im außermoralischen Sinne", von der das neue Philosophieren nach dem Ende der alten Philosophie ihren Ausgang zu nehmen hat.

Schlüsselwörter

Reduktion von Semantik auf Syntax · Analogie und Kreativität · Anti-platonisches und anti-cartesianisches Experiment · Täuschung im außermoralischen Sinn · Virtuelle Realität

1 Vorbemerkungen: Das neue Ende der Philosophie

Immer mal wieder wird es ausgerufen: das Ende der Philosophie. Man kann dabei – abgesehen von der Spruchweisheit, dass Totgesagte länger leben – vielleicht sogar von einem Topos sprechen, der innerhalb wie außerhalb der Philosophie gilt. In der Regel handelt es sich dabei um eine Variante des reflexiven Überbietungstopos: So wie etwa „Kunst nach dem Ende der Kunst" bei Hegel so viel bedeutet wie das Ausrufen einer reflektierten oder verbegrifflichten Kunst, anders: einer Kunst, die sich nicht von selbst versteht, sondern zu deren Verständnis es der begrifflichen Erläuterung bedarf. Der Gestus der Naivität, der sich in Formeln wie ‚Das soll Kunst sein?' oder ‚Das könnte ja sogar unser Kind gemalt haben!' manifestiert, ist entweder bloße Banausie oder, bei Lichte besehen, nichts anderes als die mehr oder minder verzweifelte Bitte um begriffliche Erläuterung. Und ebenso ist die Rede vom Ende der Philosophie eigentlich eine abgeänderte Form der Unterteilung des Geschehens in Vorgeschichte und Geschichte, anders: in das, was bisher als Philosophie galt, und in die neu ausgerufene ‚eigentliche' Philosophie. Wir kennen diesen Gestus z. B. aus Carnaps Formel von der „Überwindung der Metaphysik durch logische Analyse der Sprache" (Carnap 1931) oder – selbstreflexiv – aus Heideggers „Verwindung der Metaphysik" (Heidegger 1967, S. 251 f., vgl. Pöggeler 1963, S. 143 ff.), aber auch außerhalb der Philosophie gehört er zu unserem Kulturkreis, wie etwa in der Bergpredigt (Matth. 5, 17–37) die stilistische Figur der Abgrenzung zwischen dem ‚Gesetz und den Propheten' des Alten und dem ‚Ich aber sage Euch' des Neuen Testaments zeigt.

Allerdings muss, wenn hier und heute vom Philosophieren nach dem Ende der Philosophie die Rede ist, noch eine weitere Differenz bedacht werden, die ebenfalls eine beachtliche, mindestens bis auf Kant zurückgehende Tradition aufzuweisen hat: diejenige zwischen der eher dogmatischen, schulmäßigen Philosophie („Philosophie nach dem Schulbegriff") und dem lebendigen Philosophieren („Philosophie nach dem Weltbegriff", Kant 1904, S. 26 ff., vgl. Holzhey 1977, S. 132 ff.). So betrachtet, wäre es fast schon tautologisch, die Proklamation des Endes der Philosophie mit dem Beginn eines neuen, frischen Ansatzes des Philosophierens zusammenfallen zu lassen.

Schließlich gilt es aber, sich für die folgenden Überlegungen noch einer weiteren Einsicht zu erinnern, wie sie erneut Hegel auf den Begriff gebracht hat:

Philosophie sei, so sagt er an zum *locus classicus* avancierter Stelle der Vorrede zu seiner Rechtsphilosophie, „ihre Zeit in Gedanken erfasst" (Hegel 1970, S. 26) Das bedeutet, dass die Zeitlosigkeit des Philosophierens einen aktuellen Zeitbezug nicht nur nicht ausschließt, sondern paradoxerweise geradezu fordert. Mit dem Stereotyp, dass man dieses Denken dafür mit dem Etikett „angewandte Philosophie" kennzeichnet, kann (und muss) man leben. Und dass das, wie zu zeigen sein wird, auch die Tatsache einschließt, dass sich die ‚reine' Philosophie mit der ‚schmutzigen' Technik abgeben nicht nur kann, sondern muss, sei mindestens erwähnt.

Aus diesen und ähnlichen Gründen werde ich mich im Folgenden mit etwas befassen, was uns zurzeit – wenn auch unter unterschiedlichen Bezeichnungen – alle umtreibt: allgemein die sogenannte Digitalisierung der Welt und ihre Folgen, insbesondere aber, was das mit einem neu auszurufenden ‚Ende der Philosophie' und dem danach möglichen Anfang neuen Philosophierens zu tun hat.

2 „Die Kategorien sind in der schändlichsten Verwirrung"

Es ist der leicht trottelige König Peter, dem der 1837 im Alter von nur 23 Jahren in Zürich verstorbene Wissenschaftler und revolutionäre Dichter Georg Büchner in seinem sowohl philosophisch als auch politisch ebenso amüsanten wie tiefgründigen Lustspiel „Leonce und Lena" von 1836 diese Worte in einem Exkurs in die philosophische Terminologie Kants in den Mund legt (Büchner 1967, S. 143) – zugleich könnte es aber auch ein Dauermotto für die heutigen Debatten um die Digitalisierung im Besonderen, aber auch für die Philosophie im Allgemeinen sein.

2.1 Philosophie als Begriffs-Kläranlage

Dem Karlsruher Philosophen Hans Lenk ist die Formel zu verdanken, eine der vordringlichsten Aufgaben der Philosophie sei sozusagen diejenige einer Kläranlage des Denkens (Lenk 2006, S. 51). Gab Büchners König Peter gleichsam den diagnostischen Part („Begriffsverwirrung"), bietet Lenk dagegen einen Therapievorschlag („Philosophie"). Wie so häufig – übrigens auch in der Medizin – handelt es sich hierbei allerdings um eine rekursive Beziehung: Die angebotene Kläranlage Philosophie hat, wie das Beispiel von Büchners König Peter zeigt, oft die Aufgabe, die durch Philosophie (oder mindestens ihre missverstandene Rezeption) ausgelösten begrifflichen Verunreinigungen aufzuklären.

Allerdings verhält es noch ein wenig komplexer: Zum einen ist, wie die Philosophie insbesondere der vergangenen Jahrzehnte nicht müde wurde zu betonen, das Ideal der Aufklärung selbst nichts weniger als eindeutig, wie man sich leicht an einem der Leitsterne am Himmel der aufklärerischen Ideale verdeutlichen kann, am weitgehend positiv besetzten Begriff der Transparenz, insbesondere an seinem Inbegriff, der absoluten oder vollständigen Transparenz: Es bedarf nur eines einmaligen Nach-Denkens, um festzustellen, dass, wenn alles transparent wäre, man gar nichts mehr sähe, da dann ja auch das, was man eigentlich sehen möchte, transparent wäre. Um das vorschwebende Ideal der Transparenz zu realisieren, darf mindestens das, was man sehen möchte, nicht transparent, sondern muss opak oder mindestens weniger transparent als das Medium sein, durch das hindurch man es sehen will.

Im Übrigen liefe der auf diese Weise geschaffene „Reinraum" begrifflichen Denkens Gefahr, steril zu werden, was ein anderer Ausdruck dafür ist, nicht kreativ zu sein. Diesen Zusammenhang bringt eine spitze Bemerkung Sir Karl Raimund Poppers zu Sinn und Zweck der Analytischen Philosophie auf den Punkt. Nach dem mit diesem gut befreundeten Nobelpreisträger Sir John Eccles soll Popper nämlich in einer Fernsehshow gesagt haben, die analytischen Philosophen hätten zum Methodenprogramm erhoben, klarer zu sehen und hätten zu diesem Zwecke begonnen, ihre begriffliche Brille zu putzen: „…you want to see clearly, so you polish your glasses, and you polish your glasses, and you polish your glasses, but you never look through them. You just spend your life polishing your glasses." (Eccles 1977, S. 266).

Kurz: wäre es meine Absicht, durch philosophische Reinigung vollständig klare Begriffe zu erzielen, wäre dies aus verschiedenen Gründen von vornherein zum Scheitern verurteilt. Vielmehr kann es hier nur darum gehen, einzelne Inseln größerer Klarheit im Meer des weniger Klaren zu finden. Das lässt sich auch in philosophischer Terminologie so formulieren, dass es der Philosophie nicht darum geht, die Klarheit dadurch zu steigern, dass das Nichtwissen sukzessive durch Wissen ersetzt wird; es geht vielmehr darum, im Meer des Nichtwissens von einer Wissensinsel zur anderen navigieren zu lernen (Zimmerli 2020a, S. 81 et passim).

Doch nach diesen, wie die Philosophen sagen würden, „Meta-Reflexionen" soll nun der Frage nachgegangen werden, welche begrifflichen Inseln es denn sind, die es anzusteuern gilt und welche Nebelbänke uns daran hindern, anders und in einer Formulierung des emeritierten Princeton-Philosophen Harry G. Frankfurt (Frankfurt 2005): welches die „Bullshit-Words" unter den aktuellen Leitbegriffen sind, die in einer Paraphrasierung des Schweizer Schriftstellers Adolf Muschg: „die progressive Universalpoesie der Betriebswirtschaft" ausmachen: „Bullshit will gar nicht so genau wissen, wovon er spricht. Es genügt ihm vollständig so zu tun als ob. Bullshit muss sich nach etwas anhören, und zwar nach so viel, dass keiner mehr auf die Frage kommt, was denn dahinter ist: aus Respekt vor dem Vortragenden, wie sich versteht. Es kann ja nicht nichts sein, was sich nach so viel anhört." (Muschg 2006, S. 253) Nur am Rande erwähnt sei, dass Muschg seine Beispiele der nach seiner Einschätzung „weltweit größten Sammlung von Bullshit" entnimmt, „dem Internet"! Man kann das auch plastisch so formulieren: ‚Bullshit'-Wörter sind solche, die in aller Munde sind, aber auf dem Wege dorthin in den allermeisten Fällen nicht durch ein Gehirn gelaufen sind…

Welche Wörter sollen im Folgenden geklärt bzw. von Bullshit-Verdacht gereinigt werden? Betrachtet man die gegenwärtige Diskussion, so liegt es nahe, mindestens den Begriff ‚digital' einer genaueren Untersuchung zu unterwerfen. Nun taucht aber ein Begriff selten allein auf; nicht nur ist die Wahrheit des Begriffs – wieder in Hegels Sprache – das Urteil, und die Wahrheit des Urteils der Schluss, sondern oft tauchen Begriffe auch in Paaren auf. So soll denn der Begriff ‚digital' in seiner Beziehung zu seinem Gegenstück, dem Begriff ‚analog' diskutiert werden. Und bei genauerer Betrachtung zeigt sich, dass sich in den letzten Jahrzehnten ein ganzer Begriffsschwarm dazugesellt hat, von ‚Künstlicher Intelligenz (KI)' über ‚Algorithmisierung', ‚Wissensgesellschaft', ‚Automatisierung', ‚Robotisierung' etc. pp.

2.2 „How to Do Things with Words"

Ob es sich dabei um Begriffe handelt, die etwas ‚zu sagen haben', oder um bloße Leerformeln, wird zu prüfen sein; allerdings gilt es in einer kritischen philosophischen Erörterung auch immer in Rechnung zu stellen, dass es eine weitere Dimension in der Verwendung von Begriffen gibt, in semiotischer Terminologie: neben der semantischen und syntaktischen auch die pragmatische Dimension. Nicht nur, was Begriffe bedeuten und wie sie verknüpft werden, sondern auch, was sie bewirken, gilt es zu bedenken. Also ist die Frage nicht nur: Können wir Klarheit in die „schändlichste Verwirrung" bringen, in der nach Büchners König Peter die Kategorien sich befinden, sondern auch was mit ihrer Verwendung (oder Verwirrung) – absichtlich oder nicht – angerichtet wird?

„How to Do Things with Words" hieß das zum Standardwerk avancierte, 1962 postum erschienene Buch, das auf eine Vorlesungsreihe zurückging, die John L. Austin 1955 in Harvard hielt und mit der er, später maßgeblich unterstützt durch seinen Schüler John Searle, die Sprechakttheorie begründete (Austin 1962; Searle 1969); etwas anwendungsnäher lässt sich auch von ‚Wortpolitik' sprechen. Die Frage ist also nicht nur, was Begriffe bedeuten und wie sie verknüpft werden, sondern auch, was wir, indem wir sie (so exzessiv) verwenden, eigentlich *tun* bzw. anrichten?

Wer aufgrund der ‚Gnade seiner frühen Geburt', anders: aufgrund höheren Lebensalters schon etwas länger in dem Spiel mitspielt oder sogar schon seit den 80er Jahren des letzte Jahrhunderts sich im Bereich der Diskussion um Künstliche Intelligenz, Neuronale Netze, IuK-Technologie tummelt[1], hat sich hier eine gewisse Verblüffungsresistenz zugelegt. Die Frage ist nur, ob das die richtige Strategie ist? Ich plädiere eher für den Versuch, die Verblüffungen, gegen die man resistent geworden ist, von dem wahrhaft (immer noch oder erst jetzt) Verblüffenden zu unterscheiden.

---

[1]Vgl. z. B. einen meiner frühen einschlägigen Texte (Zimmerli 1988a). Einige der in der Diskussion um Künstliche Intelligenz bereits als „klassisch" zu bezeichnenden Texte sind in deutscher Übersetzung versammelt in (Zimmerli und Wolf 2002).

Gewiss, seit den ersten ernsthaften Versuchen um die Mitte des 20.Jahrhunderts, eine Maschine zu bauen bzw. zu programmieren, die denken kann, hat sich vieles wiederholt, was wir uns sozusagen „an den Hacken abgelaufen" haben: Zwei Beispiele seien hier genannt: Zum einen ist es die Ersetzung der Frage, ob Maschinen denken können, durch eine funktional äquivalente Frage, etwa die, ob Maschinen sprechen können. Zum anderen sind es die damit in der Regel verbundenen zeitlich limitierten Leistungsversprechen von der Art ‚In fünf Jahren werden wir Maschinen haben, die X können', und für X kann man nun Beliebiges einsetzen: Schach-Spielen, Go-Spielen, erfolgreich an Talkshows teilnehmen, Autos lenken etc. pp. Bei diesen Beispielen ist relativ leicht zu durchschauen, was die pragmatische Absicht war bzw. ist; in der Regel ging (und geht) es um Ressourcenallokation: Für das Projekt, eine Maschine zu konstruieren, die relativ gut sprechen, d. h. natürlichsprachlich kommunizieren kann, bedarf es eines Budgets von, sagen wir: 500 Mio US-$ über einen Zeitraum von 5 Jahren. Es ist zwar nicht zwingend, aber auf jeden Fall hilfreich, bei Leistungsversprechen von der Art „Maschinen werden in 5 Jahren X können" zunächst einmal die cui-bono-Frage zu stellen, die man um die Mitte desvergangenen Jahrhunderts noch „ideologiekritisch" genannt hätte.

Dass wir heute die analoge Denk- bzw. Argumentationsfigur in Bezug auf die sogenannte technologische Singularität erleben („In x Jahren werden wir Maschinen haben, die den Menschen in (nahezu) jeder Hinsicht wenigstens kognitiv ebenbürtig sind oder sie sogar weit übertreffen", vgl. Kurzweil 2005; Zimmerli 2021a), belegt zwar die verblüffungsresistente These, dass es sich strukturell um immer dasselbe handelt. Das allerdings ist keineswegs ein hinreichender Grund für eine Verblüffungsresistenz, die sich in der Tat nicht mehr verblüffen ließe: Allzu offensichtlich ist die immer wieder verblüffende Omnipräsenz der Informations- und Kommunikationstechnologien, die heute – und auch hierzu wäre eine ‚bullshit'- Differenzialdiagnose angezeigt – ebenso vereinfachend wie irreführend allesamt als ‚Künstliche Intelligenz-Technologie' bezeichnet" werden.

Kurz: Es ist ebenso hilfreich, sich bei allen überraschenden Mitteilungen über neue Digitalisierungswunder im Sinne einer gesunden Skepsis als verblüffungsresistent zu erweisen, wie sich dadurch nicht vor der Aufgabe zu drücken, die Spreu vom Weizen und damit den Hype von der Realität zu trennen. Dass die von ihrer Marktkapitalisierung her größten Unternehmen der Welt solche der digitalen Wirtschaft sind und dass demokratische Wahlen zumindest zum Teil durch virtuelle Akteure, genannt Bots, beeinflusst werden können, macht den verblüffungsresistenten Hinweis darauf, dass das alles strukturell schon einmal da gewesen ist, nicht nur obsolet, sondern entlarvt ihn als nahezu völlig bedeutungslos.

2.3　Falsche Alternativen

Genauer hinzusehen lohnt sich insbesondere dort, wo sich – noch weit im Vorfeld eines positiv ausfallenden Bullshit-Tests – Begriffskonstruktionen als scheinbare

Selbstverständlichkeiten geradezu aufdrängen, und besondere Vorsicht ist geboten, wenn es sich dabei um angeblich alternativlose Alternativen handelt wie im Falle unseres thematischen Begriffspaars „digital" und „analog". Es ist hoch wahrscheinlich, dass wer auch immer heute nach dem Gegenbegriff zu „digital" gefragt wird, „analog" assoziieren wird, und der lebensweltliche Hintergrund dafür ist nicht etwa der Computer oder das Internet, sondern die Uhr, und eine Erläuterung des Begriffes „digital" wird mit ebenso hoher Wahrscheinlichkeit darauf hinauslaufen, dass in einer digitalen Anzeige die Uhrzeit in Zahlen ausgedrückt wird, im Gegensatz zu einer analogen Uhr, die die Zeit durch die Stellung der Zeiger zueinander anzeigt.

Darüber hat sich die insbesondere (post)phänomenologisch ausgerichtete Philosophie (z. B. Ihde 1983, S. 245 f.) auch bereits allerhand Gedanken gemacht – etwa, dass die lebensweltliche Bedeutung der analogen Zeitanzeige bis hinein in ihre sprachliche Repräsentation den Vorteil hat, die Zeit räumlich anschaulich zu machen: Die analoge Uhr ist sozusagen eine der Urformen der Tortendiagramme; sie zeigt uns nicht nur an, wie viel Zeit bereits verstrichen ist, sondern sie informiert uns auch „auf einen Blick" und ohne Kalkulation darüber, wie viel Zeit jeweils noch zur Verfügung steht, und zwar überraschenderweise in Gestalt ganzzahliger Brüche: Es ist „Halb", „Viertel vor", „Viertel nach" – und, wenn wir in Nord- oder Ostdeutschland leben und sprechen, auch „Dreiviertel" oder „Viertel".

Dass schon dieses Beispiel in Wahrheit etwas komplexer ist, mag durch zwei Hinweise verdeutlicht werden: Zum einen hat sich nach einer Phase, in der digitale Zeitmesser, z. B. als Armbanduhren, angesagt waren, vorwiegend im Luxussektor die analoge Anzeige wieder erfolgreich durchgesetzt, nicht jedoch auf dem Smartphone. Zum anderen aber ist das Innenleben der Uhren weder digital noch analog, sondern mechanisch und/oder elektronisch. Und um die Verwirrung noch weiter zu steigern: Die analoge Zeitanzeige erfolgt über Zeiger („hands") oder Finger („digits"), was auf den ursprünglichen Zusammenhang von Zählen und Fingerrechnen verweist, über den noch zu sprechen sein wird. Kurz: schon etymologisch offeriert das scheinbar ausschließende Begriffspaar „analog" und „digital" nicht nur keine Disjunktion, sondern eher ein komplexes Geflecht, und das wird im Folgenden noch deutlicher werden. Aber selbst wenn wir einmal unterstellen, dass die Alternative „analog vs. digital" in der Tat bedeuten würde, dass was „digital" genannt wird, nicht analog sein könne *et vice versa*, ergibt sich allerhand im Wortsinne Merk-Würdiges: Je stärker und erfolgreicher die Digitalisierung voranschreitet, desto unabdingbarer wird die (Re-)Analogisierung; es kommt zu einer verstärkten Wiederkehr des Analogen im Digitalen (Zimmerli 2018a).

Darauf, was damit ausgedrückt sein soll, werden die nun folgenden Analysen zu „digital" und „analog" weitere Hinweise geben; vorläufig sei nur festgehalten: Der auf dem scheinbaren Gegensatz von „analog" und digital" beruhende Eindruck, was analog sei, könne nicht digital sein *et vice versa*, ist irreführend. Es kommt vielmehr darauf an, die gegenseitige Verflechtung der als „analog" und als „digital" bezeichneten Bereiche besser zu verstehen.

3 Was heißt ‚digital'?

Wie bereits angedeutet, verweist der Wortsinn von „digital" sowohl auf Finger als auch auf Zahlen. Nun ist kein Geheimnis, dass das unserem elementaren Rechnen zugrunde liegende Dezimalsystem etwas damit zu tun hat, dass wir zehn Finger (von lat. „digitus", engl. „digits") haben, mit denen wir einfache Operationen in den Grundrechnungsarten ausführen können. Der elementare Zahlenraum beruht lebensweltlich also auf einer Iteration (geometrisch: Quadratur) der Zahl 10.

3.1 Wer kann nicht bis 3 zählen?

Nun ist es keine Erfindung des 21. Jahrhunderts, dass Denken und Rechnen etwas miteinander zu tun haben. Seit Raimundus Llullus' „Ars magna", d. h. seit dem Ende des 13. Jahrhunderts ist der Gedanke der Begriffskombinatorik bekannt, und Thomas Hobbes nimmt 300 Jahre später die bahnbrechende Auffassung von Leibniz vorweg, dass Denken eigentlich Rechnen mit Begriffen („computatio") sei, wobei aus heutiger Sicht hinzugefügt werden muss, dass die sogenannte „Llullische Kunst" (im Sinne von ars als techne) insofern dem Hobbes'schen Gedanke voraus war, als sie nicht nur eine Idee, sondern eine Art logischer Maschine war, nämlich eine mechanische Vorrichtung zur Begriffskombinatorik.

Die entscheidende Frage, die sich hieraus ergibt, lautet: Warum, wenn es bereits die Llullische Kunst (techne) und Hobbes' ursprüngliche Einsicht gab, dass Denken „computatio" sei, hat man in der fortschreitenden Vorgeschichte der Digitalisierung nicht den ganzen Zahlenraum ausgeschöpft, sondern sich mit zwei Zahlenzuständen, nämlich 0 und 1, begnügt? Der Begriff „digital" würde das nämlich, wie gesagt, nicht erforderlich machen. Um dies zu verstehen, ist es hilfreich, noch weitere Begriffsunterscheidungen einzuführen: neben dem Begriff der Mechanisierung auch diejenigen der Kalkülisierung und der Formalisierung (vgl. Zimmerli und Wolf 2002, S. 8 ff.), die alle eine weit längere Vorgeschichte haben, die bis in die Antike reicht:

Der Begriff „Kalkülisierung" nämlich geht auf das Rechnen mit Spielsteinen (lat. „calculi") zurück, die – ähnlich wie ein Rechenbrett oder Abakus – erlauben, im Rechnen mit „tokens", denen bestimmte Werte zugeordnet werden, zu operieren und diese damit gleichsam in einen externen Speicher zu verlagern. Die natürlichen, uns angeborenen calculi sind aber eben unsere 10 Finger, und wir wissen auch, dass verschiedene Kulturen verschiedene Arten haben, mit den Fingern zu zählen und zu rechnen.

Der Begriff „Mechanisierung" bezieht sich darauf, dass nicht nur die Zahlenwerte durch Spielsteine oder Kugeln auf dem Abakus externalisiert werden, sondern auch die Operationen, die mit diesen Spielsteinen erlaubt sind, in anderen Worten: die Spielregeln, mechanisch externalisiert werden.

Was ich schließlich mit „Formalisierung" meine, geht bereits bis auf Aristoteles zurück, der in seiner „Organon" genannten Logik mit Leerstellen operiert, in die Variablen für Begriffe eingesetzt werden können, um dafür zu sorgen, dass die

Spielfiguren in der Befolgung der Spielregeln zu korrekten Spielzügen kommen können. Und es war ebenfalls bereits Aristoteles, der zwar nicht als erster erkannte, aber explizit sagte, dass all die vielen einzelnen Spielzüge, d. h. regelkonform gebildeten Aussagen, letztlich zwei und nur zwei Werte haben: W(ahr) und F(alsch).

Nun lässt sich gewiss lange darüber spekulieren, wem hier Priorität in welcher Hinsicht zuzubilligen ist; sicher aber ist es dem Genie Leibnizens zu verdanken, den naheliegenden nächsten Schritt zu machen, nämlich die Zweiwertigkeit der formalen Logik mit der Vielfalt der durch Spielsteine repräsentierten Zustände so in Verbindung zu bringen, dass die einzelnen diskreten Zustände, z. B. in einer Rechenmaschine, mechanisiert werden können.

3.2 Von Leibniz zur Supermarktkasse

Eines der wichtigsten Projekte des besagten Gottfried Wilhelm Leibniz bestand in der Entwicklung einer, wie er es nannte, "characteristica universalis" (vgl. Mittelstrass 1979), mit anderen Worten: einer kalkülisier-, mechanisier- und formalisierbaren Universalsprache.

Im Hintergrund stand dabei die Vorstellung, dass jeder Gegenstand, aber auch jeder Begriff gleichsam einen ihn unzweideutig charakterisierenden Eigennamen zugewiesen erhalten müsse, mit dem dann – mechanisch – kalkuliert werden kann. Zwar kennt in unserer Welt nur Gott all diese Eigennamen, aber wir können sie durch eine dazu eigens entwickelte Schrift substituieren. (Gottlob Frege wird später in einem ähnlichen Zusammenhang von „Begriffsschrift" sprechen.)

Zu abstrakt, meinen Sie? Dann gehen Sie doch einmal in einem Supermarkt, in der Migros, im Coop oder bei ALDI, mit den von Ihnen ausgewählten abgepackten Waren zur Kasse. Diese tragen einen Strichcode, den die Person an der Kasse über eine Glasscheibe zieht oder mit einem Handlesegerät „liest". (Dieser Strichcode nun ist nichts anderes als ein kleines Textstück, das in einer binären Schrift formuliert ist und das man auch als eine Reihe von 0 und 1 wiedergeben könnte.) Nachdem Sie den im Display der Kasse angezeigten Betrag bezahlt haben, erhalten Sie eine Quittung, in der – nun wieder für Sie lesbar – u. a. Art und Gewicht des gekauften Artikels sowie der bezahlte Preis stehen.

Nun wollen Sie aber nichts bereits Abgepacktes oder Portioniertes kaufen, sondern z. B. sieben Bananen. Wenn Sie mit den in der Schweiz üblichen Gebräuchen vertraut sind (in Deutschland ist das zuweilen ein wenig anders), dann merken Sie sich die zum Artikel Bananen gehörende Kennzahl (bei Coop z. B. die 101), tippen diese in das Tastenfeld an der nächsten Waage ein, auf die Sie die Bananen legen. Der in der Waage eingebaute Drucker druckt daraufhin ein selbstklebendes Preisschild aus, auf dem sowohl für Sie lesbar alphabetisch als auch maschinenlesbar in einem Strichcode mindestens folgende Informationen ausgedruckt sind: Artikel (in diesem Falle z. B. Bananen); Gewicht per kg (in diesem Falle z. B. 3.95 Fr.); Nettogewicht (in diesem Falle, z. B. 0,778 kg), Preis (in diesem Falle z. B. CHF 3.05 Fr.), Verpackungsdatum (z. B. 08.03.18). Sie bringen

Ihre Ware mit dem aufgeklebten Preisschild zur Kasse, wo entweder Sie selbst oder die Person an der Kasse sie über ein Lesegerät zieht.

Am Beispiel der nicht abgepackten Ware lassen sich die Zusammenhänge, um die es hier geht, analysieren:

1. Sie wählen Bananen; das ist an sich noch weder digital noch analog.
2. Sie geben die dazu passende Kennziffer ein; hier findet nun ein erster Übergang von analog zu digital statt.
3. Es wird ein selbstklebendes Preisschild sowohl maschinenlesbar (digital) als auch für Sie lesbar (analog) ausgedruckt.
4. Am Lesegerät der Kasse werden diese Informationen digital erfasst.
5. Der Preis wird zu den Preisen eventuell weiterer gekaufter Waren digital hinzuaddiert.
6. Auf dem Display der Kasse erscheint die jeweilige Zwischensumme und abschließend das Total – zwar als Zahlen, aber nicht binär, weswegen wir es auch „analog" nennen können.
7. Die Bezahlung erfolgt dann entweder bar (analog) oder mit Karte (was einen erneuten Zyklus von teils digitalen, teils analogen Schritten auslöst).

Kurz: Zwar hatte Leibniz vermutlich mit seiner Idee einer characteristica universalis nicht die Rolle des Strichcodes beim Bezahlvorgang im Supermarkt vor Augen, aber seine Idee stellte einen wesentlichen Schritt auf dem Wege der als Binarisierung zu verstehenden Digitalisierung dar. Dieser Schritt, der in einer Kombination der erwähnten Kalkülisierung, Formalisierung und Mechanisierung besteht und bei genauerer Analyse auf einer vollständigen Reduktion von Semantik auf Syntax beruht (jeder Eigenname lässt sich als binäre Sequenz wiedergeben, die daher auch den elementarsten Operationen in einer binären Logik zugänglich ist) findet sich in jedem von uns als „digital" bezeichneten Prozess, von den Kalkulationen der ersten binären Rechner bis heute.

3.3 Das Analoge im Digitalen

Allerdings lässt sich an der Präsenz von Leibniz im Supermarkt noch ein Weiteres ablesen: Nicht nur ist, wie bereits gezeigt, „analog" und „digital" kein ausschließender Gegensatz, sondern wir stellen fest, dass eine Denkfigur, die wir aus den Diskussionen im Kontext der KI kennen, sich hartnäckig auch hier immer wieder einstellt. Es kann nämlich kaum ein Zweifel daran sein, dass von Maschinen dargestellte Zustandsveränderungen nur dann überhaupt als Verhalten und insbesondere als „intelligentes Verhalten" gelten, wenn an irgendeiner Stelle so etwas wie eine Verhaltens- oder Intelligenzzuschreibung – in der Regel durch einen oder mehrere Menschen – geschieht. Und auch wenn wir eine kontrafaktisch unterstellte gegenseitige Intelligenzzuschreibung von Maschinen annähmen, würde diese ein immerwährendes Geheimnis bleiben, wenn es nicht mindestens zwei Menschen (Beobachter) gäbe, die diese Zuschreibung vornähmen.

Ganz ähnlich (um nicht zu sagen: analog) verhält es sich hier: Der menschliche Nutzer von (oder Mitspieler in) digitalen (binären) Prozessen muss an der Mensch-Maschine-Schnittstelle immer die beschriebene Transformationsleistung erbringen, und zwar in bezug auf Zustände, die, wie gesagt, gar nicht disjunkt sind! Ohne die Umsetzung von Banane in die Zahl 101 beginnt der ganze beschriebene digitale Prozess erst gar nicht. Und dass der Zettel, den wir am Ende erhalten, eine Quittung ist, die etwas mit den Gegenständen in meinem Einkaufskorb zu tun hat, erfordert eine Re-Analogisierung, insbesondere dann, wenn wir uns beschweren wollen, z. B. darüber, dass die von uns in den Einkaufskorb gegebenen Bananen als Aktion zu reduziertem Preis angeschrieben waren, auf dem Kassenbon aber mit dem regulären Preis berechnet wurden.

Abgesehen davon, dass unser Beispiel auch zeigt, dass es, entgegen der ursprünglichen Bedeutung von „digital", durchaus Verwendungen von Zahlen gibt, die wir spontan eher als „analog" bezeichnen würden, gilt auch, dass in dem Moment, in dem im engeren Sinne binär-digitale Prozesse lebensweltlich relevant werden, es so etwas wie eine zwingende Wiederkehr des Analogen im Digitalen gibt, da sonst das Digitale ohne Bedeutung bliebe. Anders: An der Mensch-Maschine-Schnittstelle bedarf es immer jener Transformation des Digitalen ins Analoge, die wir „Interpretation" nennen.

Nun lässt sich trefflich darüber streiten, ob Interpretieren das Geschäft exklusiv der hermeneutisch verfahrenden Geisteswissenschaften sei (was zweifellos nicht der Fall ist). Wohl aber gilt, dass sich hieran ablesen lässt, dass in den Worten von Hans-Georg Gadamer „die hermeneutische Dimension" – quer durch die zum Behufe akademischer Klarheit fein säuberlich voneinander abgegrenzten Disziplinen hindurch – „sich als die tragende erweist" (Gadamer 1974, S. 101). Und, so betrachtet, besteht das Analoge im Digitalen eben in nichts anderem als in der immer wieder aufs Neue erforderlichen transdisziplinären Interpretation.

4   Was heißt ‚analog'?

Um das jedoch dem, was an Klärung überhaupt möglich ist, doch noch etwas näher zu bringen, bedarf es eines besseren Verständnisses dessen, was wir über die bloße Funktion einer Abgrenzung vom Binär-Digitalen hinaus unter „analog" verstehen. Dazu ist zunächst darauf hinzuweisen, dass es dabei um eine Struktur geht, die zwar in der sprachlichen Gestalt der Analogie ausgedrückt wird, die aber auch eine enge Verwandtschaft zu einer anderen sprachlichen Gestalt aufweist, der Metapher nämlich.

4.1   Die unterschätzte Analogie

Die Einschätzung von Analogie und Metapher ist in der Geschichte des Denkens sehr weit gespreizt. Zwar kennt die Logik sowohl des Aristoteles als auch diejenige des auf ihm fussenden Mittelalters sehr wohl die Bedeutung der Analogien, und für Immanuel Kant war die Analogie der Urquell von Kreativität und die Metapher für Friedrich Nietzsche sogar das Kernelement von Wahrheit, die er als ein „bewegliches Heer von Metaphern und Metonymien" bestimmt. In der Mehrzahl der Fälle wird aber die Bedeutung des Denkens in Analogien unterschätzt.

Wäre nur das der Fall gewesen, wäre das zwar sehr bedauerlich, aber doch reparabel. Die Ideengeschichte des Denkens zeigt jedoch weit Drastischeres, nämlich unterschiedliche Gestalten und Formen der mehr oder minder deutlichen Ablehnung sowohl der Analogie als auch der Metapher. Typologisch reicht das von der Verurteilung der Analogie in der Logik als eines irreführenden, weil unscharfen Verfahrens der Begriffsbildung und des Schließens bis zu einer quasi-moralischen Verdammung als eines verführerischen Sirenengesangs.

Anders hingegen sieht es in der jüngeren Denkpsychologie aus. Mit ihrem magistralen Werk „Die Analogie. Das Herz des Denkens", 2013 zeitgleich in Englisch und Französisch, 2014 dann auch in Deutsch erschienen, haben der Kognitionswissenschaftler Douglas Hofstadter von der IU Bloomington IN gemeinsam mit dem Entwicklungs- und Bildungspsychologen Emmanuel Sander von der Universität Vincennes/St. Denis (Paris VIII) die Rehabilitierung der Analogie unternommen (Hofstadter und Sander 2014). Mit einer schier erdrückenden Fülle von sprachlichen, erkenntnistheoretischen, wissenschaftlichen und wissenschaftshistorischen Beispielen und mithilfe des aktuellen Standes der Kognitionswissenschaft wird die These untermauert, dass erfolgreiches menschliches Denken vom Alltag bis zur Wissenschaft aus einer Kategorisierung besteht, die ihrerseits auf dem Analogisieren aufbaut.

Folgt man der – recht überzeugenden – Argumentation von Hofstadter und Sander, dann beruht letztlich jede Bildung einer Kategorie, also dessen, was wir auch als „Allgemeinbegriff" oder „Idee" bezeichnen, auf einer zugrunde liegenden Analogie. Und diese Struktur (Analogien bilden Begriffe) wirkt sowohl vertikal wie horizontal: Wir subsumieren analoge Dinge und Zusammenhänge unter Begriffe, zwischen denen in verschiedener Weise auch wieder eine oder mehrere Analogien herrschen oder genauer gesagt: gebildet werden. Und das gilt nicht nur für die Lebenswelt, sondern auch für die Wissenschaft; in beiden nämlich spielen Analogien und Metaphern eine tragende Rolle im Kontext dessen, was man auch „Kreativität" zu nennen pflegt (s.u. S. 21 f).

Kurz: Analogien und Metaphern sind nicht nur bestimmte sprachliche Formen, sondern sie fungieren auch als Mittel, eine andere, u. U. neue Sicht auf die von ihnen benannten Dinge und Sachverhalte zu gewinnen. Das kann auf die vielfältigste Weise geschehen. Darüber hinaus haben Metaphern und Analogien aber auch eine pragmatische Macht: sie vermögen es, uns zu manipulieren, uns „um den kleinen Finger zu wickeln", um es in der von Hofstadter und Sander verwendeten Analogie (Hofstadter und Sander 2014, S. 349) zu formulieren.

Um das noch besser zu verstehen, muss noch der sog. „Embodiment"-Ansatz der Kognitionswissenschaft beigezogen werden, demzufolge das Denken der Menschen auf zwei Arten verankert ist: erstens mittels Analogien in der Vergangenheit und zweitens vermittels des Körpers, der Teil zahlreicher Erfahrungen war, in der konkreten Welt. In der Formulierung von Hofstadter und Sander besagt das, „dass die Menschen durch das Medium ihrer Begriffe denken, die durch die ständige Konstruktion von Analogien aufgebaut und überarbeitet werden, was als Reaktion auf die Erfordernisse realisiert wird, die das Leben in einem physischen Körper in einer physischen Welt mit sich bringt." (Hofstadter und Sander 2014, S. 387) Dies geschieht allerdings auf dem Wege der Abstraktion, wie die Autoren unter Bezugnahme auf eine bekannte Studie von Chen-Bo Zhong und Katie Liljenquist (Zhong und Liljenquist 2006) an der moralisch interpretiertenMetapher der reinen Hände zeigen.

Aufgrund dieser kognitionswissenschaftlichen Überlegungen zur semantischen und pragmatischen Rolle der Analogie im menschlichen Denken und Handeln drängt sich die Vermutung auf, dass überall dort, wo Menschen im Mensch-Maschine-Tandem beteiligt sind, notwendigerweise Metaphern und Analogien ins Spiel kommen, wo sie eine bedeutende Funktion ausüben. Von daher ist der oben erhobene Befund auch nicht verwunderlich, dass an der Mensch-Maschine-Schnittstelle das Analoge im Digitalen als Interpretation bedeutsam wird.

4.2 Kreativität und „unsauberes" Denken

Bei aller Ablehnung, die der Analogie im Bereich des Formallogischen entgegengebracht wird, ist jedoch in der Wissenschaftsphilosophie und hier insbesondere in deren historisch belehrter Gestalt ihre heuristische Funktion weitgehend unbestritten. Hier lassen sich zwei Typen unterscheiden, die ich als „anekdotischen" und „kreativitätstheoretischen Typ" bezeichnen möchte. Den anekdotischen Typ kennen wir alle aus Beispielen wie der sich in den Schwanz beißenden Schlange, die August Kekulé der Legende nach im Traum sah und die ihn auf die Strukturformel des Benzols („Benzolring") brachte.

Etwas weiter ausholen indessen müssen wir, wenn wir den kreativitätstheoretischen Typ der Analogie besser verstehen wollen. Dazu nämlich muss man sich klarmachen, dass es eine wissenschaftliche Theorie der Kreativität nicht geben kann, wenn man darunter eine Theorie versteht, die das Postulat der Symmetrie von Erklärung und Prognose erfüllt. Gäbe es nämlich eine prognosefähige Theorie der Kreativität, würde dies dem strengen Begriff der Kreativität, als Fähigkeit, Unvorhergesehenes zu denken, widersprechen. Dann nämlich bestünde eine wissenschaftliche Theorie der Kreativität darin, das Unvorhergesehene (noch zugespitzter: das Unvorhersehbare) vorherzusehen, und das wäre ein eklatanter Widerspruch (vgl. Lotz 2010, S. 315 f.).

Daher wird es um eine andere Bedeutung des Begriffes „kreativitätstheoretisch" gehen müssen. Es geht nicht um eine streng prognosefähige Theorie der Kreativität, sondern – im ursprünglichen Wortsinne von „Theorie" – um eine Schau, eine Betrachtung oder ein Bild dessen, was Kreativität ausmacht. Daher sind denn auch viele der wichtigsten Ideen zur Erfassung dessen, was Kreativität ausmacht, nicht theoretisch im engeren Sinne und auch nicht einmal geleitet von der Idee von Sauberkeit und Fehlerfreiheit; überraschend oft sind sie in Form biografischer Fallstudien zu als „kreativ" angesehenen Leistungen großer

Wissenschaftlerinnen und Wissenschaftler gekleidet. Anders: sie sind nicht nomothetisch, sondern idiografisch, um eine der seit dem Neukantianismus verbreiteten Auto- und Heterostereotypformeln für natur- und geisteswissenschaftliche Betrachtungsweisen zu verwenden. Dabei geht es oft darum, Prozesse „unsauberen Denkens" in Metaphern und Analogien, die oft auch als „intuitiv" oder „ästhetisch" charakterisiert werden, so zu rekonstruieren, dass sie als genialer Ausdruck von Kreativität erscheinen. Es ist daher auch kein Wunder, dass unter den vielen Fotografien etwa Einsteins ausgerechnet diejenige ikonische Bedeutung erhalten hat, die ihn mit herausgestreckter Zunge zeigt.

In stärker idiografisch überhöhter Redeweise nimmt sich das in der Einstein-Biografie von Banesh Hoffmann so aus: „Solche Intuition aber kennzeichnet das Genie. (…) Das Genie ahnt von Anfang an verschwommen, welches Ziel es zu erreichen versucht. Die einleuchtenden Argumente, mit denen es auf dem mühseligen Weg durch unbekannte Gebiete sein Selbstvertrauen stärkt, haben eher unbewusst Freudsche als eine logische Wurzel. Sie brauchen keineswegs korrekt zu sein, solange sie nur dem irrationalen, hellseherischen, unbewussten Drang dienen, der in Wahrheit alles beherrscht." (Hoffmann und Dukas 1972, S. 152).

4.3 Das Digitale im Analogen

Wie bereits von allem Anfang an festgehalten, ist die Unterscheidung von „digital" und „analog" nicht disjunkt. An der Mensch-Maschine-Schnittstelle zeige sich, so hatten wir gesagt, das Analoge im Digitalen in der notwendigen Rolle der Interpretation. Auf dem Umweg einer genaueren Betrachtung von Analogie und Metapher haben wir nun eine inhaltliche Deutung gefunden: So lange wir in Mensch-Maschine-Systemen leben, müssen wir auch im durch binäre Technologien geprägten digitalen Zeitalter mit der menschlichen Kognition rechnen, die sich – dies ist eine der Einsichten, die wir u. a. Hofstadter und Sander verdanken – als ein von allem Anfang an durch Kategorienbildung aufgrund von Analogien und Metaphern charakterisiertes Geschehen erweist.

Das heißt aber umgekehrt, dass wir in unserem „Philosophieren nach dem Ende der Philosophie" darauf zu achten haben werden, in welcher Weise sich durch die globale Verbreitung der technologisch binären Digitalisierung das „Herz des Denkens", die Kategorisierung durch Analogie und Metapher, selbst verändert. Dabei hilft es, sich der Einsicht zu erinnern, dass auch das (noch) nicht durch binäre Technologien geprägte „klassische" Digitale, etwa die Mathematik, in das Denken in Analogien eingebunden ist. Der polnische Mathematiker Stefan Banach bringt das auf die von seinem Freund Stanislaw Ulam festgehaltene Formel: „Gute Mathematiker sehen Analogien zwischen Theoremen oder Theorien, die besten aber sehen Analogien zwischen Analogien." (Ulam 1976, S. 203).

Bevor wir uns nun dem propagierten Ende der Philosophie zuwenden, soll noch kurz auf die Eingangsfrage zurückgegriffen werden: Handelt es sich nun bei den Begriffen „analog" und „digital" eigentlich um Bullshit-Words? Nach allem Entwickelten muss der kreißende Berg diese Maus noch gebären. Und die Antwort kann nicht anders heißen als: Ja. In der unreflektierten Verwendung, die dieses Begriffspaar gegenwärtig findet, sind es leere Worthülsen auf dem „Flohmarkt der Begriffsmoden" (Strasser 2018), mit denen in der Regel Anderes angerichtet wird. Genauer betrachtet dagegen, wie wir es hier versucht haben, gewinnen diese Begriffe eine Fülle von Gehalt, dem es in Zukunft nachzugehen gilt.

5 Das antiplatonische Experiment

Und damit kommen wir nun zum eingangs beschworenen aktuellen Ende der Philosophie, das zu konstatieren wir angesichts des zum Verhältnis von „digital" und „analog" Entwickelten nicht umhin können: Die Digitalisierung, verstanden als technologische Binarisierung zwingt uns nämlich, Abschied zu nehmen von zwei Grundmustern, die das abendländische Denken zum einen seit Anbeginn, zum anderen aber seit dem Beginn der Neuzeit scheinbar unhintergehbar bestimmen: nämlich dem Platonismus und dem Cartesianismus.

Philosophische Reflexion besteht nicht zuletzt in dem Versuch, solches, was immer "hinter dem eigenen Rücken" bleibt, anders: wessen das Denken niemals habhaft werden kann, weil es dessen eigene Voraussetzungen ausmacht, trotzdem vor unser Auge zu bringen. Es mag auch angebracht sein, hierfür die Metapher des „blinden Flecks" zu wählen, um zum Ausdruck zu bringen, dass es sich hierbei um Sachverhalte handelt, die man nicht nur einfach übersieht, sondern die man notwendigerweise gar nicht sehen kann, weil sie in unserem geistigen Auge gleichsam „eingebaut" sind (vgl. Zimmerli 2021b).

Wenn sich das aber so verhält, dann müssen alle Versuche scheitern, sie auf dem herkömmlichen Wege philosophischer Reflexion sichtbar zu machen, sondern wir müssen den radikalen Versuch unternehmen, gleichsam aus uns und unserem Denken herauszutreten und es versuchsweise einmal von außen zu betrachten. Ob das gelingt oder nicht, ist durchaus offen, und daher bezeichne ich diese Denkfigur als „Experiment" und will das Gemeinte an zwei grundlegenden Fällen zu illustrieren versuchen, die ich als „anti-platonisches" und „anti-cartesianisches Experiment" bezeichne.

5.1 Plato behind our backs

Zunächst zu Platon: Selbst wenn Alfred North Whitehead nicht ein so bedeutender Philosoph gewesen wäre, dem wir viele tiefe Einsichten verdanken, hätte er seinen Platz in der Denkgeschichte schon durch ein kleines Bonmot sicher, demzufolge die gesamte Geschichte der Philosophie aus einer Reihe von Fußnoten zu Platon bestehe (Whitehead 1929, S. 63). Genauer (und etwas weniger pointiert formuliert), kämpfen wir in der Philosophie gegen eine zwingende Übermacht des Platonismus „hinter unserem Rücken" (vgl. hierzu und im Folgenden Zimmerli 2018b, S. 22 ff.). Gleichgültig ob man nun Platon selbst oder – wie Nietzsche – Platons Lehrer Sokrates oder Platons Schüler Aristoteles dafür verantwortlich macht, es geht immer um die eine Struktur, die unser abendländisches Denken seither dominiert: die Vielfalt der Erscheinungen auf (oder unter) die Einheit der Begriffe (oder Ideen) zu bringen. Seither sind wir, wenn wir uns um Wissen bemühen, immer an diesem Unterfangen orientiert: die Einheit der Begriffe bzw. Ideen oder Theorien zu finden, unter die sich die Vielheit der Erscheinungen, genauer: der sich auf sie beziehenden Begriffe und Aussagen subsumieren lässt. Diese Denkfigur des Verhältnisses von Einheit und Vielheit zieht sich als roter Faden durch die ganze Geschichte der menschlichen Versuche hindurch, die – erneut in den Worten Platons – bloße Meinung („doxa") zu Wissen („episteme") zu veredeln, weswegen sich für die sich darauf beziehende Reflexion auch das Wort „Epistemologie" (engl. „epistemology") eingebürgert hat. Man denke nur an die Modellierung wissenschaftlicher Erklärung und Prognose oder auch an das Postulat der Reproduzierbarkeit der Resultate wissenschaftlicher Forschung (Atmanspacher und Maasen, Hrsg. 2016).

Worauf ist diese „hinter unserem Rücken" wirkende Dynamik zurückzuführen? Warum sind bislang alle Versuche gescheitert, sich diesem platonischen Systemzwang zu entziehen und eine andere Art der Welterfassung an ihre Stelle zu setzen? Dass dieses Denkmodell über eine schwer zu durchbrechende Kraft verfügt, lässt sich nicht zuletzt durch seine Koppelung mit dem Siegeszug modernen naturwissenschaftlichen Wissens erklären, selbst wenn diese Koppelung auch auf einem – eben platonischen – Missverständnis beruht, auf einem jener blinden Flecken, von denen die Rede war: Bei genauerer und unvoreingenommener Betrachtung zeigt sich nämlich, dass der vermeintliche Siegeszug naturwissenschaftlicher Rationalität dort, wo es nicht um platonisierende Ideologie, sondern um harte Fakten geht, ein Siegeszug (oder ein Misserfolg) der technischen Umgestaltung der Welt war, und zwar desto erfolgreicher, je enger sie sich mit wissenschaftlichen Modellierungen verknüpfte, anders: je techno-logischer sie wurde.

Aber diese Einsicht wird immer wieder von der epistemologischen Engführung verstellt: Statt Wissenschaft als optimierendes Abstraktionsprodukt technischen Herstellens („Wissen ist Machen") zu verstehen und dann auch entsprechend zu analysieren, wird Technologie umgekehrt immer wieder als „abkünftiger Anwendungsmodus" von Wissenschaft missverstanden und dementsprechend nach Maßgabe wissenschaftstheoretischer Kategorien interpretiert, und zwar wider besseres Wissen, wie uns die berühmte Formulierung aus Spoerls „Feuerzangenbowle" zeigt: Nun stellen wir uns mal janz dumm: die Welt ist eine Dampfmaschine.

5.2 Einheit und Vielheit

Wenn aber erst einmal das Licht dieser Einsicht durch die epistemologischen Nebelschwaden hindurch bricht, dann zeigt sich uns plötzlich ein anderes Bild: Neben und über die platonisierende Reduktion der Phänomenvielfalt durch die begriffliche Einheit der Ideen, wissenschaftlich: der anerkannten Theorien, hat sich nämlich aufgrund der fortschreitenden Hybridisierung von Artefakten und begrifflichen Konstrukten eine Vereinheitlichung der Phänomene gelegt, die eine Vervielfachung der auf dieser Basis möglichen virtuellen Welten erst ermöglicht. Was wir also zurzeit mit Begriffen wie „Technologisierung" oder – wie gezeigt, eher irreführend – „Digitalisierung" markieren, ist, so betrachtet, nichts anderes als jenes groß angelegte antiplatonische Experiment, das in nichts Geringerem als in dem revolutionären Versuch besteht, die Welt (in einer sich kritisch auf Hegel beziehenden Formulierung von Karl Marx) vom Kopf auf die Füße „umzustülpen" (Marx 1969, S. 23).

Gelingt aber dieses Experiment, scheint diese Art von traditioneller Philosophie, die sich dem platonisierenden Denkmodell verdankt, in der Tat am Ende zu sein. Davon, was das nun für ein Philosophieren nach dem Ende dieses Stranges der Philosophie bedeutet, kann nur gehandelt werden, wenn die Implikationen dieses radikalen Umschwunges genauer ausbuchstabiert sein werden. Dabei ist vordringlich das Verhältnis von Einheit und Vielheit noch etwas genauer zu betrachten.

Ideengeschichtlich steht damit nicht weniger als unsere gesamte Kultur auf dem Spiel. Man denke nur an den Bereich der Religion, in dem – jedenfalls in den mosaischen Religionen – die Durchsetzung des Monotheismus gegenüber dem Polytheismus die dominante Grundfigur religionshistorischer Erzählung darstellt. Nun ist der Monotheismus ein zwar kulturell ungeheuer wichtiges, aber beileibe nicht das einzige Beispiel für einen Monismus. Politisch gesehen etwa markiert das Jahr 1989 den Einschnitt, den man als Verabschiedung des politischen Monismus verstehen könnte, wenn man das auch – mit dem großen Löffel angerührt – gleich zum „Ende der Geschichte" emporstilisiert hat (Fukuyama 1992). Nicht nur in der Kunst-, Musik- und Literaturszene ereignet sich etwa um dieselbe Zeit ein Übergang zum Pluralismus, den Paul Feyerabend bereits in den Siebzigerjahren – zugegebenermaßen leicht irreführend – unter das Motto „Anything goes!" (Feyerabend 1976) stellte.

Während ich – wie viele andere Zeitdiagnostiker – damals noch der Auffassung war, dies seien Charakteristika der Postmoderne (Zimmerli 1988b), hat sich zwischenzeitlich herausgestellt, dass auch diese selbst nur als eines der Epiphänomene jenes epochalen Wandels gedeutet werden muss, der global für eine Vereinheitlichung der Welt auf der Ebene der Phänomene gesorgt hat: eben der sich zunehmend binärer Verfahren bedienenden Technologisierung, die heute auch „Digitalisierung" genannt wird. Gewiss, die Formel, es handle sich dabei um eine nur quantitative Verschiebung (mehr Internetnutzer, ein schnelleres Netz, mehr Daten, mehr Lernebenen, deep learning" etc.), trifft zwar immer auch zu, aber dieser Prozess verläuft, angefangen von seinen Grundlagen in der Natur, nicht stetig, sondern in Schritten des Umschlagens von Quantität in Qualität. Hierdurch sensibilisiert, halten wir fest:

Die mit dem antiplatonischen Experiment verbundene Erfahrung lehrt uns, dass zwar das Ende der Reduzierung der Phänomenvielfalt auf die Einheit von Begriffen und Theorien mit einer Ersetzung monistischer durch pluralistische Leitvorstellungen einhergeht und dass das gekoppelt ist mit der als „Digitalisierung" bezeichneten Durchdringung der Welt durch binäre Technologien. Das aber sagt zwar etwas darüber aus, welche Art der Philosophie am Ende ist, aber noch nichts darüber, welches Philosophieren an ihre Stelle treten wird. Und a fortiori auch nicht darüber, ob dies die einzige Grundstruktur traditionellen Philosophierens ist, die nun zu Ende gegangen ist.

5.3 Von Swinegel und Hase

Bevor wir uns aber mit dieser Frage befassen, gilt es als Gebot des Reflektierens über das Reflektieren, sich einer Eigenheit dieses Nachdenkens zu vergewissern, die uns erneut nicht immer und nicht unbedingt bewusst ist. Ich meine damit das merkwürdige Phänomen, das man als „Selbstähnlichkeit des Denkens" bezeichnen und unter den Begriff der Selbstanwendung subsumieren könnte und das – falsch angewendet – auch hinter dem beliebten „tu quoque"-Argument steckt.

Damit ist in unserem Kontext gemeint, dass philosophische Reflexionen, auch solche, die experimentell das Ende der platonisierenden Betrachtungsweise propagieren, gar nicht anders können, als ihrerseits platonisierend zu verfahren. Anders formuliert: Auch die schärfste Kritik am Platonismus verfährt platonisierend, wenn sie denn philosophisch sein soll. So hatte Diogenes von Sinope (in der Lesart von Hegels „Vorlesungen über die Geschichte der Philosophie") sicher recht: „Es ist bekannt, wie Diogenes von Sinope, ein Kyniker, solche Beweise vom Widerspruch der Bewegung [gemeint sind die Bewegungsparadoxien des Zenon von Elea, WChZ] ganz einfach widerlegte; stillschweigend stand er auf und ging hin und her, – er widerlegte sie durch die Tat. Aber die Anekdote wird auch so fortgesetzt, dass, als ein Schüler mit dieser Widerlegung zufrieden war, Diogenes ihn prügelte, aus dem Grunde, dass, da der Lehrer mit Gründen gestritten, er ihm auch nur eine Widerlegung mit Gründen gelten lassen dürfe." (Hegel 1971, S. 306) Also stellt zunächst einmal die Tatsache, dass philosophische Reflexion per definitionem platonisierend verfahren muss, keinen Einwand gegen das Propagieren des antiplatonischen Experiments dar; sie ist vielmehr eine Art von Beleg für dessen Notwendigkeit. Der Platonismus „hinter unserem Rücken" ist so wirkmächtig, dass er auch noch die Einwände gegen ihn beherrscht. Es verhält sich dabei so ähnlich wie bei dem – ursprünglich auf Plattdeutsch überlieferten – volkstümlichen Märchen „Dat Wettloopen twischen den Haasen un den Swinegel op de lütje Haide bi Buxtehude" vom – übrigens an der Universität Leipzig in Philologie promovierten – liberalen Sozialkritiker Wilhelm Schröder im von ihm herausgegebenen und später verbotenen „Hannoverschen Volksblatt" publiziert und von den Brüdern Grimm – übrigens zwei der als die „Göttinger Sieben" bekannt gewordenen aufsässigen Professoren, die 1836 ihres Amtes enthoben wurden – 1843 in die 5. Auflage ihrer „Kinder und Hausmärchen" aufgenommen: So sehr wir uns auch bemühen mögen bei unserem antiplatonischen Experiment, der Platonismus sitzt immer schon am Ziel mit den Worten „Ik bün all hier". (Dass die Auflösung des Rätsels im Märchen darin besteht, dass der Hase seine ihm zum Verwechseln ähnliche Frau mit einsetzt, sei nur am Rande erwähnt).

Umso wichtiger wird angesichts der erdrückenden Omnipräsenz dessen, was wir „Digitalisierung" zu nennen uns angewöhnt haben, der Versuch, sich experimentell von ihm zu befreien, indem wir uns die Resultate unserer Analysen des Begriffes „analog" erinnern: Scheinbar präzise platonische Allgemeinbegriffe sind Wolken von Metaphern und Analogien, bei denen die ideologiekritische Frage „cui bono" zu stellen, nicht nur zulässig, sondern geradezu geboten ist!

6 Das anti-cartesianische Experiment

Noch aber sind wir nicht am Ende der Philosophie; in mindestens einer weiteren Hinsicht sehen wir uns gezwungen, mit einer der dominantesten Figuren (in diesem Falle: neuzeitlichen) Denkens zu brechen, die durch René Descartes repräsentiert ist und die uns in aller Selbstverständlichkeit in unserem nicht nur philosophischen Denken ebenso begleitet wie leitet. Und ähnlich wie im Falle des Platonismus wird es sich hierbei um einen Versuch handeln: das anti-cartesianische Experiment (vgl. Zimmerli 2020b, S. 23 ff.).

6.1 Abschied von der Gewissheit

Nicht um den viel diskutierten und kritisierten Dualismus Descartes' soll es dabei gehen, sondern um den entscheidenden Beitrag, den er zur neuzeitlichen Methode geleistet hat, den nicht existenziellen, sondern methodischen Zweifel nämlich, der die eingangs geschilderte Klärungsaufgabe der Philosophie ausmacht und den wir als *Descartes-Postulat* bezeichnen können: Es sei alles zu bezweifeln, was nicht klar und deutlich wahrgenommen werden könne („clare et distincte percipitur"), um so das „fundamentum inconcussum" zu finden. Dabei geht es bekanntlich nicht nur um die Wahrheit, sondern um deren reflexive Form: die Gewissheit, die – und um das zu wissen, muss man kein Philosoph sein, es reicht ganz normales Talkshow-Wissen – sich über die Unbezweifelbarkeit des Faktums des Zweifelns selbst in dem, wie wir es nennen können, *Descartes-Axiom* formulieren lässt: „Cogito ergo sum" oder „Sum cogitans". Der scharfsinnigen und gelehrten Arbeiten, die sich mit diesem cartesischen Methodenpostulat befassen, sind Legion, und es soll hier nicht darum gehen, diesen eine weitere hinzuzufügen. Vielmehr soll der Frage nachgegangen werden, was in Zeiten der Digitalisierung mit dieser scheinbaren philosophischen Selbstverständlichkeit geschieht?

Wenn wir im Gefolge dessen, was oben über die Wiederkehr des Analogen im Digitalen entwickelt wurde, davon ausgehen, dass wir Menschen durch die Notwendigkeit der Interpretation – nolens volens – immer analoge Mitspieler im Bereich des Digitalen sind, dann macht es durchaus Sinn, den ganzen Prozess als digital-analoges Hybrid zu bezeichnen, in dem, allen begrifflichen Pseudoversprechen wie „autonomes Fahren" oder „Künstliche Intelligenz" zum Trotz, es nie bloss binär operierende Maschinen alleine, sondern immer Mensch-Maschine-Tandems geben wird. Dann aber greift das schon seit langem diagnostizierte „informationstechnologische Paradox" (Zimmerli 1986, S. 295 ff.): Je besser der Maschinenteil des Mensch-Maschine-Tandems „funktioniert", desto unmöglicher wird die Einlösung des Descartes-Postulats.

Das kann man sich mit einer einfachen maschinentheoretischen Überlegung klarmachen. Wenn gemäß der Organprojektionsthese (Kapp 1877, S. 29 ff.) jede Maschine die Projektion eines menschlichen Organs (oder mehrerer menschlicher Organe) ist, sind digitale („intelligente") Maschinen die Projektion des menschlichen Denkorgans, des Gehirns. Wenn aber zudem gilt, dass es die Aufgabe jeder Maschine ist, die Leistung des menschlichen Organs, dessen Projektion sie ist, erheblich zu verbessern, dann entfällt per definitionem die für die Einlösung des Descartes-Postulats erforderliche Möglichkeit der Kontrolle, was schon bei so etwas Einfachem wie der Benutzung eines Taschenrechners jedem unmittelbar einleuchtet. Daher behilft man sich mit Redundanzen, in denen dann zwei oder mehrere Maschinen ihre kognitiven Leistungen gleichsam gegenseitig kontrollieren, wodurch sich allerdings diese Maschinenleistungen der menschlichen Kontrolle im Descartes'schen Sinne immer mehr entziehen. Anders: Die Einlösung des Descartes-Postulats wird statistisch externalisiert, wodurch wir uns aber von seiner wörtlichen Einlösung, nämlich in Hegels Worten von „der Wahrheit der Gewissheit seiner selbst", verabschieden.

6.2   Turing und kein Ende

Das wird besonders deutlich an einem anderen, heute besonders populären Element der Wortwolke „digital-analog", nämlich an der sog. „Künstlichen Intelligenz", der wir uns jetzt zuwenden wollen. Abgesehen von der von Dirk Baecker angesprochenen systematischen Problematik dieser Analogie (Baecker 2018, S. 39), dass wir nicht wissen, mit welcher der vier verschiedenen Dimensionen der natürlichen Intelligenz wir die künstliche eigentlich vergleichen wollen, beruht sie und ihre Erfolgsgeschichte nämlich auf einer thematischen Verschiebung von epochaler Bedeutung: Die Ausgangsfrage, ob Maschinen denken können, ersetzt Alan Turing in seinem als *locus classicus* geltenden Aufsatz „Computing Machinery and Intelligence" von 1950 durch eine nach seiner Auffassung funktional äqivalente Frage in einem Spiel, dem sog. „Imitation Game"[2].

---

[2] „Am Anfang einer solchen Betrachtung sollten Definitionen der Begriffe „Maschine" und „denken" stehen. (…) Ich möchte eine Definition erst gar nicht versuchen, sondern die Frage durch eine andere, mit ihr eng verwandte ersetzen, die in verhältnismäßig eindeutigen Begriffen ausgedrückt werden kann." (Turing 2002, S. 39 f.) Bekanntlich ist die neue Frage die, ob ein menschlicher Beobachter im „Imitationsspiel" mit vergleichbarer Häufigkeit unterscheiden kann, ob ein Mensch oder eine Maschine auf seine Fragen antwortet, wie ob ein Mann oder eine Frau das tun.

Von allem (Turingschen) Anfang an geht es also seit fast 70 Jahren gar nicht um die Frage, ob Maschinen bzw. die auf diesen laufenden Programme intelligent *sind* oder *denken können*, sondern einzig darum, ob sie sich so *verhalten*, dass der Beobachter oder Nutzer *nicht mehr unterscheiden kann* (aber je nach Kontext auch gar nicht mehr unterscheiden will), ob sie das sind bzw. können. Bei dem, was wir heute alles unter „Künstlicher Intelligenz" subsumieren, ist es vollständig gleichgültig, ob und wie wir die im Rahmen des antiplatonischen Experiments ohnehin obsolete platonisierende Frage nach der Intelligenz der Maschine(n) beantworten. Es reicht nicht nur aus, dass sie sich für unsere Nutzung so verhalten, wie wir das wünschen, sondern wir wären – z. B. im Falle der Apps, die uns über den Eisenbahn-Fahrplan oder die Eishockeyresultate informieren – eher erstaunt, wenn jemand auf die Idee käme, deren Leistung mit der Vermutung zu verbinden, dass unser Smartphone denken könne. Dass es „Smart"-Phone und nicht „Intelligent Phone" heisst, deutet das schon an, auch wenn es dafür wohl eher PR-Gründe gibt.

Eine Ausnahme stellt hier, wie eingangs bereits angedeutet, die Singularitäts-Hypothese dar, derzufolge dann, wenn in dem von uns geschilderten Sinne digitalisierte Maschinensysteme oder Roboter alle Leistungen, die von Menschen erbracht werden können, auch oder sogar besser erbringen, wir Menschen Gefahr laufen, um unsere einzigartige Sonderstellung gebracht zu werden.

6.3 Rehabilitierung der Täuschung

Also: alles halb so wild? Entwarnung auf ganzer Linie?

Das wäre sicherlich die falsche Konsequenz, denn philosophisch steht mit dem anti-cartesianischen Experiment viel mehr auf dem Spiel, und das gilt es ernst zu nehmen: Erinnern wir uns der Herleitung des Descartes-Axioms (das Cogito als das unbezweifelbare feste Fundament, das all unser Denken und Handeln begründet) mithilfe der Befolgung des Descartes-Postulats (alles zu bezweifeln, was nicht klar und deutlich erkannt wird): Es war eine ganze Reihe von Täuschungen, gegen die sich bei Descartes das Denken zur Wehr setzen musste, angefangen von den Sinnestäuschungen bis hin zur stärksten Annahme, nämlich derjenigen eines „deus malignus", eines bösartigen Gottes, der uns prinzipiell täuscht und daher aufseiten unseres Verstandes einen universalisierten methodischen Zweifel erforderlich macht (Zimmerli 2020b).

Die Phase der kognitionsphilosophischen Entwicklung seit 1950, die mit dem Etikett „Künstliche Intelligenz" markiert ist, ist dadurch gekennzeichnet, dass die Täuschung nicht den cartesianischen Status eines durch methodischen Zweifel zu überwindenden ultimativen Feindes, eben eines „deus malignus" hat. Wir erleben ganz im Gegenteil so etwas wie eine Rehabilitierung der Täuschung auf höchster Ebene; die Formel „mundus vult decipi ergo decipiatur" (Die Welt will betrogen sein, also wird sie betrogen) erhält hierdurch eine neue Bedeutung.

Allerdings – und das muss an dieser Stelle festgehalten werden – die rehabilitierte Täuschung, die auch noch dem methodischen Zweifel standhält, ist, anders als die Täuschungen, mit denen sich die Philosophie im Gefolge des

Descartes-Postulats auseinanderzusetzen hatte, sozusagen wertneutral oder in Nietzsches Formulierung Täuschung „im außermoralischen Sinn" (vgl. Nietzsche 1980, S. 875 ff.). Während vor der Rehabilitierung der Täuschung die Welt durch platonisch-cartesische Begriffspaare wie „Schein und Sein", „Wesen und Erscheinung", „Virtualität und Realität" etc. strukturiert war, stehen wir jetzt am Anfang einer neuen Phase des Philosophierens, in der wir uns neben der traditionellen vordringlich mit der „virtuellen Realität" zu befassen haben.

7 Nachbemerkungen: Der neue Anfang des Philosophierens

Mit dem anti-platonischen und anti-cartesianischen Experiment brechen wir mit wesentlichen Bestandteilen der traditionellen Philosophie und erleben in diesem Sinne tatsächlich deren Ende. Doch jedem Ende wohnt ein Anfang und, wenn wir Hermann Hesse glauben wollen, jedem Anfang ein Zauber inne. Die durch binäre Technologien ermöglichte Digitalisierung schafft auf dem Wege der rehabilitierten Täuschung eine weitere Ebene von Wirklichkeit, die es philosophisch zu erfassen gilt.

In diesem Zusammenhang mag es hilfreich sein, die von Popper stammende, noch sowohl dem platonischen als auch dem cartesianischen Denken verhaftete sogenannte „Dreiweltenlehre" aufzugreifen und zu variieren, um das sich nun durch das anti-platonische und anticartesianische Experiment eröffnende neue Feld des Denkens zu charakterisieren: Popper nahm an, „dass es drei Welten gibt; als erste die physikalische Welt oder die Welt der physikalischen Zustände; als zweite die Bewusstseinswelt oder die Welt der Bewusstseinszustände; als dritte Welt die Welt der intelligibilia oder der *Ideen im objektiven Sinne;* es ist die Welt der möglichen Gegenstände des Denkens: die Welt der Theorien an sich und ihrer logischen Beziehungen; die Welt der Argumente an sich; die Welt der Problemsituationen an sich." (Popper 1972, S. 174).

Was auffällt, ist, dass es offenbar für Popper – man denke an den erwähnten blinden Fleck – Artefakte gar nicht zu geben scheint, von binär-digitalen Artefakten ganz zu schweigen. Daher schlage ich in kritischer Ergänzung der ontologischen Dimensionen der drei Welten Poppers im Lichte des bisher im Zusammenhang der Reduktion von Semantik auf Syntax Entwickelten eine andere Aufteilung vor: Welt 1 wäre nicht die von Popper unkritisch unterstellte Welt der physikalischen Zustände, sondern digitalisiert die Welt realistisch interpretierter Semantik, die vollständig auf Welt 2 (Syntax als zweiwertige Logik) reduzierbar ist. Das bedeutet, dass damit die Tür zu einer fortschreitenden Algorithmisierung weit offensteht, die nun nicht nur alles durchdringt, sondern auch erlaubt, eine vollständig neue virtuelle Realität (Welt 3) zu erschaffen. Zwar ist diese Unterscheidung der drei Welten von größter theoretischer Bedeutung; lebenspraktisch dagegen spielt die Unterscheidbarkeit der realistisch interpretierten Semantik und der virtuellen Realität nicht nur kaum eine Rolle, sondern alles ist ganz im Gegenteil darauf angelegt, ununterscheidbar zu *erscheinen.*

Ein Philosophieren nach dem Ende der Philosophie hätte zwar den Verlust der platonischen Konzeption einer Reduktion der Erscheinungswelt auf die einheitliche Begriffswelt und des Gewissheitspostulats des Descartes zu beklagen, sähe sich aber vor einer ganz neuen Aufgabe, die Wirklichkeitskonstitution durch Täuschung in der Welt der virtuellen Realität zu analysieren und bis in ihre theoretischen, praktischen und normativen Konsequenzen hinein zu verfolgen.

Wenn Philosophieren, wie eingangs mit Hegel gesagt, tatsächlich heißen soll, die eigene Zeit in Gedanken zu erfassen, dann ist die philosophische, reflektierende Vermessung dieser digitalen virtuellen Realität einerseits Verpflichtung, andererseits aber zugleich Chance für ein Philosophieren nach dem Ende der Philosophie.

Literatur

Atmanspacher, Harald, und Maasen, Sabine, Hrsg. 2016. *Reproducibility: Principles, Problems, Practices, and Prospects*. Hoboken N.J: Wiley.

Austin, John L. 1962. *How to Do Things with Words*. Oxford. Deutsche Ausgabe: Austin, John L. 1972. *Zur Theorie der Sprechakte*. Stuttgart: Reclam.

Baecker, Dirk. 2018. Verstehen, worüber wir reden? *Neue Zürcher Zeitung*, 2. März 2018: 39.

Büchner, Georg. 1967. Leonce und Lena, 1836. In *Werke in einem Band*, Georg Büchner, Berlin/Weimar: Aufbau.

Carnap, Rudolf, 1931. Überwindung der Metaphysik durch logische Analyse der Sprache. *Erkenntnis* 2: 219–241.

Eccles, John. 1977. Diskussionsbemerkung. In *The Case of Objectivity. Proceedings of the 3rd International Humanistic Symposium in Athens and Pelion*, 265f. Athen: Hellenic Society for Humanistic Studies, International Centre for Humanistic Research.

Feyerabend, Paul. 1976. *Against Method: Outline of an Anarchist Theory of Knowledge*. New York: Verso. Deutsche Ausgabe: Feyerabend, Paul. 1975. *Wider den Methodenzwang – Skizze einer anarchistischen Erkenntnistheorie*. Frankfurt am M.: Suhrkamp.

Frankfurt, Harry G. 2005. *On bullshit*. Princeton: Princeton UP. Deutsche Ausgabe: Frankfurt, Harry G. 2006. *Bullshit*. Frankfurt am M.: Suhrkamp.

Fukuyama, Francis. 1992. *The End of History and the Last Man*. New York: Free Press. Deutsche Ausgabe: Fukuyama, Francis. 1992. *Das Ende der Geschichte*. München: Kindler.

Gadamer, Hans-Georg. 1974. Philosophie oder Wissenschaftstheorie? In *Interdisziplinär*, Hrsg. Helmut Holzhey, 89–104. Basel/Stuttgart: Schwabe & Co.

Gimmler, Antje, Holzinger, Markus, und Knopp, Lothar, Hrsg. 2010. *Vernunft und Innovation. Über das alte Vorurteil für das Neue. Festschrift für Walther Ch. Zimmerli zum 65. Geburtstag*. München: Fink.

Göcke, Benedikt P., und Rosenthal-von der Pütten, Astrid, Hrsg. 2020. *Artificial Intelligence. Reflections in Philosophy, Theology, and Social Sciences*. Paderborn: Mentis.

Hegel, Georg Wilhelm Friedrich. 1970. Grundlinien der Philosophie des Rechts, 1821. In *Werke*, Bd. 7, Georg Wilhelm Friedrich Hegel, Hrsg. Eva Moldenhauer und Karl Markus Michel. Frankfurt am M.: Suhrkamp.

Hegel, Georg Wilhelm Friedrich. 1971. Vorlesungen über die Geschichte der Philosophie, 1817. In *Werke*, Bd. 18, Georg Wilhelm Friedrich Hegel, Hrsg. Eva Moldenhauer und Karl Markus Michel. Frankfurt am M.: Suhrkamp.

Heidegger, Martin. 1967. Zur Seinsfrage. In: *Wegmarken*, Martin Heidegger, 213–253. Frankfurt am M.: Suhrkamp.

Hoffmann, Banesh, und Dukas, Helen. 1972. *Albert Einstein: Creator and Rebel*. New York: Viking. Deutsche Ausgabe: Hoffmann, Banesh, und Dukas, Helen. 1978. *Einstein: Schöpfer und Rebell*. Frankfurt am M.: Fischer.

Hofstadter, Douglas, und Sander, Emmanuel. 2014. *Die Analogie: Das Herz des Denkens*. Stuttgart: Klett.

Holzhey, Helmut. 1977. Der Philosoph für die Welt – eine Chimäre der deutschen Aufklärung? In *Esoterik und Exoterik der Philosophie. Beiträge zu Geschichte und Sinn philosophischer Selbstbestimmung*, Hrsg. Helmut Holzhey und Walther Ch. Zimmerli, 123–138. Basel/Stuttgart: Schwabe & Co.

Holzhey, Helmut, Hrsg. 1974. *Interdisziplinär,* Philosophie aktuell Bd. 2. Basel/Stuttgart: Schwabe & Co.

Holzhey, Helmut, und Zimmerli, Walther Ch., Hrsg. 1977. *Esoterik und Exoterik der Philosophie. Beiträge zu Geschichte und Sinn philosophischer Selbstbestimmung*. Basel/Stuttgart: Schwabe & Co.

Ihde, Don. 1983. The Historical-Ontological Priority of Technology over Science. In *Philosophy and Technology*, Hrsg. Paul Durbin und Friedrich Rapp, 235–252. Dordrecht: Springer.

Kant, Immanuel. ³1904. *Logik. Ein Handbuch zu Vorlesungen,* 1800, Hrsg. Gottlob Benjamin Jäsche. Leipzig: Dürr.

Kapp, Ernst. 1877. *Grundlinien einer Philosophie der Technik. Zur Entstehungsgeschichte der Kultur aus neuen Gesichtspunkten*. Braunschweig: Westermann.

Kurzweil, Ray. 2005. *The Singularity is Near. When Humans Transcend Biology*. New York: Viking. Deutsche Ausgabe: Kurzweil, Ray. 2013. *Menschheit 2.0: Die Singularität naht*. Berlin: Suhrkamp.

Lenk, Hans. 2006. *Das Gefass. Pseudomephistotelisches „fassliches" Philosophieren*. Berlin: LIT.

Lotz, Christian. 2010. Ästhetik und ungenaues Denken. In *Vernunft und Innovation. Über das alte Vorurteil für das Neue. Festschrift für Walther Ch. Zimmerli zum 65. Geburtstag*, Hrsg. Antje Gimmler, Markus Holzinger und Lothar Knopp, 315–320. München: Fink.

Marx, Karl. 1969. Das Kapital. Nachwort zur zweiten Auflage, 1873. In *Marx Engels Werke* (MEW), Bd. 23, 19–28. Berlin: Dietz.

Mittelstraß, Jürgen. 1979. The Philosopher›s Conception of *Mathesis Universalis* from Descartes to Leibniz. *Annals of Science* 36 (6): 593–610.

Muschg, Adolf. 2006. Ich ist ein anderer. Respekt in Zeiten der Globalisierung. In *Spurwechsel. Wirtschaft weiterdenken*, Hrsg. Walther Ch. Zimmerli und Stefan Wolf, 249–269. Hamburg: Murmann.

Nietzsche, Friedrich. 1980. Über Wahrheit und Lüge im außermoralischen Sinne, 1873. In *Sämtliche Werke. Kritische Studienausgabe* (KSA), Bd. 1, Friedrich Nietzsche, 875–889. Berlin/New York: De Gruyter.

Pöggeler, Otto. 1963. *Der Denkweg Martin Heideggers*. Pfullingen: Neske.

Popper, Karl Raimund. 1972. *Objective Knowledge. An Evolutionary Approach*. New York: Oxford UP. Deutsche Ausgabe: Popper, Karl Raimund. 1974. *Objektive Erkenntnis. Ein evolutionärer Entwurf*. Hamburg: Hoffmann und Campe.

Searle, John. 1969. *Speech Acts: An Essay in the Philosophy of Language*. Cambridge: Cambridge UP. Deutsche Ausgabe: Searle, John. 1971. *Sprechakte. Ein sprachphilosophischer Essay*. Frankfurt am M.: Suhrkamp.

Strasser, Peter. 2018. Der Flohmarkt der Begriffsmoden. *Neue Zürcher Zeitung*, 05.03.2018: 10.

Turing, Alan. 1950. Computing Machinery and Intelligence. *Mind* LIX, Issue 236, October 1950: 433–460. Deutsche Ausgabe: Turing, Alan. ²2002. Kann eine Maschine denken? In *Künstliche Intelligenz. Philosophische Probleme*, Hrsg. Walther Ch. Zimmerli und Stefan Wolf, 39–78. Stuttgart: Reclam.

Ulam, Stanislaw M. 1976. *Adventures of a Mathematician*. New York: Scribner.

Whitehead, Alfred N. 1929. *Process and Reality*. New York: Macmillan.

Zimmerli, Walther Ch. 1986. Who is to Blame for Data Pollution? In *Philosophy and Technology II: Information Technology and Computers in Theory and Practice*, Hrsg. Carl Mitcham und Alois Huning, 291–305. Dordrecht: Springer.

Zimmerli, Walther Ch. 1988a. Künstliche Intelligenz. Die Herausforderung der Philosophie durch den Computer. *Forum für Interdisziplinäre Forschung* 1: 45–51.

Zimmerli, Walther Ch. 1988b/²1991. Das antiplatonische Experiment. Bemerkungen zur technologischen Postmoderne. In *Technologisches Zeitalter oder Postmoderne?*, Hrsg. Walther Ch. Zimmerli, 13–35. München: Fink.

Zimmerli, Walther Ch. 2018a. Die Wiederkehr des Analogen im Digitalen. *Neue Zürcher Zeitung*, 26.07.2018: 38.

Zimmerli, Walther Ch. 2018b. Technologisierung und Pluralisierung – ein Januskopf. In *Technik denken*, Hrsg. Volker Friedrich, 21–30. Stuttgart: Franz Steiner.

Zimmerli, Walther Ch. 2020a. Macht Information Sinn? Reflexionen zur Iteration von Unterschied und Nichtwissen. In: *Information und Wissen*, Hrsg. Kristina Pelikan und Thorsten Roelcke, 69–82. Berlin: Peter Lang.

Zimmerli, Walther Ch. 2020b. Deus Malignus. The Digital Rehabilitation of Deception. In *Artificial Intelligence*, Hrsg. Benedikt Paul Göcke und Astrid Rosenthal-von der Pütten, 15–35. Paderborn: Brill.

Zimmerli, Walther Ch. 2021a. Künstliche Intelligenz und postanaloges Menschsein, In: *Künstliche Intelligenz – Die große Verheißung*. Hrsg. Anna Strasser, Wolfgang Sohst, Ralf Stapelfeldt und Katja Stepec. MoMo Berlin Philosophische Kontexte Bd. 8, 193–219. Berlin: Xenomoi.

Zimmerli, Walther Ch. 2021b. Wissen ist Machen. Leonardo, Bacon und die digitale Einlösung des Vico-Axioms. In: *Kunst und Wissenschaft im Widerstreit? Leonardo da Vincis Erbschaft heute*, Hrsg. Violetta Waibel, Göttingen: Vienna University Press (im Druck).

Zimmerli, Walther Ch., und Wolf, Stefan 2002, Einleitung. In *Künstliche Intelligenz. Philosophische Probleme*, Hrsg. Walther Ch. Zimmerli und Stefan Wolf, 5–37. Stuttgart: Reclam.

Zimmerli, Walther Ch., Hrsg. ²1991. *Technologisches Zeitalter oder Postmoderne?* München: Fink.

Zimmerli, Walther Ch., und Wolf, Stefan, Hrsg. ²2002. *Künstliche Intelligenz. Philosophische Probleme*, Stuttgart: Reclam.

Zimmerli, Walther Ch., und Wolf, Stefan, Hrsg. 2006, *Spurwechsel. Wirtschaft weiterdenken*, Hamburg: Murmann.

Zhong, Chen-Bo, und Liljenquist, Katie. 2006. Washing Away your Sins: Threatened Morality and Physical Cleansing. *Science* 313 (5792): 1451 f.

Digitaler Humanismus

Julian Nida-Rümelin

Dieser Beitrag ist die Abschrift eines Interviews mit Julian Nida-Rümelin. Das Interview führte Jörg Noller.

Zusammenfassung

Das Interview behandelt folgende Fragen: Wo liegen die Grenzen der künstlichen Intelligenz? Könnte diese irgendwann einmal die menschliche Intelligenz übertreffen? Wie wird die Digitalisierung die Gesellschaft verändern? Inwiefern werden ethische Probleme auf die Menschheit zukommen, etwa durch die Entwicklung von Robotern? Was ist genau unter einer „Silicon-Valley-Ideologie" zu verstehen, und inwiefern ist diese philosophisch problematisch? Was ist ein „Digitaler Humanismus", und inwiefern kann er die gesellschaftlichen Probleme der Digitalisierung lösen?

Schlüsselwörter

Digitalisierung · Künstliche Intelligenz · Robotik · Digitaler Humanismus

---

J. Nida-Rümelin (✉)
Ludwig-Maximilians-Universität München,
München, Deutschland
E-Mail: julian.nida-ruemelin@lrz.uni-muenchen.de

© Der/die Autor(en), exklusiv lizenziert durch Springer-Verlag GmbH, DE, ein Teil von Springer Nature 2021
U. Hauck-Thum und J. Noller (Hrsg.), *Was ist Digitalität?*, Digitalitätsforschung / Digitality Research, https://doi.org/10.1007/978-3-662-62989-5_3

1 Wo sehen Sie die Grenzen der künstlichen Intelligenz? Könnte diese irgendwann einmal die menschliche Intelligenz übertreffen?

Es gibt zwei Antworten auf diese Frage. Zum einen müssen wir aufpassen, dass wir keinem modernen Animismus anheimfallen, d. h. dass wir Softwaresysteme haben, die so designt sind, dass sie bestimmte menschliche Fähigkeiten simulieren und diese dann mit mentalen, kognitiven und anderen Eigenschaften ausstatten, die diese nicht haben. Das wäre eine moderne Form des Animismus, der erstaunlicherweise sehr weit verbreitet ist. Die zweite Antwort ist: Es gibt ein wichtiges Resultat – das wichtigste logische und metamathematische Theorem überhaupt – nämlich das von Kurt Gödel. Es zeigt in meinen Augen zwingend, dass die Fähigkeit menschlicher Deliberation, die uns z. B. ermöglicht, dass wir Theoreme der Prädikatenlogik erster Stufe beweisen, obwohl durch Gödel bewiesen ist, dass es keine algorithmische Form der Beweisführung gibt – in Software-Systemen nicht repliziert werden kann – das ist eine ultimative Grenze künstlicher Intelligenz. Möglicherweise hat das eine Tiefendimension – dass nämlich Kreativität, Intuition, das Neue zu entdecken mit diesem nichtalgorithmischen Charakter menschlichen Denkens zusammenhängt.

2 Wie wird die Digitalisierung die Gesellschaft verändern? Wo sehen Sie mögliche Probleme, wo sehen Sie Chancen?

Das ist eine ganz schwierige Frage. Bislang haben sich so gut wie alle Prognosen, die mit neuen Technologien und speziell mit digitalen Technologien einhergegangen sind, als falsch herausgestellt. Das papierlose Büro hat es bisher nicht gegeben. Im Gegenteil, es wird mehr Papier produziert als früher. Die Überflüssigkeit von Städten – weil man sich ja nicht mehr begegnen muss – hat sich auch nicht als zutreffend herausgestellt. Meetings bestimmen das berufliche Alltagsleben mehr als früher – auch das eigentlich streng genommen überflüssig. Mit anderen Worten: Ich bin vorsichtig mit Prognosen. Wenn man allerdings in die Geschichte der Digitalisierung schaut – das ist ja immerhin auch keine neue Entwicklung, sondern in der uns bekannten Form bereits seit Anfang der 90er-Jahre im Gange – so hat sie in den 90er-Jahren zum Produktivitätswachstum einen gewissen Beitrag geleistet. Aber gerade jetzt, in dieser Phase der sehr starken Digitalisierung seit Mitte der Nullerjahre, sinkt die Produktivität auf einen historischen Tiefstand ab, zumal in den USA. Das lässt nicht erwarten, dass wir in naher Zukunft per Saldo sehr viele Arbeitsplätze verlieren werden, was ja eine der großen Sorgen ist. Wir müssen uns keine Gedanken über ein bedingungsloses Grundeinkommen machen, aber wir müssen uns darauf einstellen, dass es ganz neue Herausforderungen in der Arbeitswelt und in der Bildung gibt, nämlich

Menschen mit digitalen Kompetenzen zu versehen, die sie fit machen für diese neue Arbeitswelt.

3 Sehen Sie auch ethische Probleme auf die Menschheit zukommen, etwa durch die Entwicklung von Robotern?

Die Robotik hat in meinen Augen eine Fehlentwicklung genommen, nämlich mit dem Ziel, möglichst humanoide Roboter zu entwickeln, wie sie auch zum Beispiel in der Pflege zum Einsatz kommen. Ich lehne den Einsatz von Robotern in der Pflege nicht grundsätzlich ab – das kann durchaus sinnvoll sein, zumal es unter Umständen auch ein Beitrag zur Menschenwürde ist: Nicht jeder möchte von einem doch weitgehend fremden Menschen auf die Toilette getragen werden – es ist viel angenehmer, wenn das ein Roboter leistet. Es ist aber problematisch, dass es sich um *humanoide* Roboter handelt – dadurch wird nämlich die Fehlinterpretation gefördert, wir hätten hier ein Gegenüber, das mit uns kommuniziert, interagiert und unsere Einsamkeit vielleicht mildert. Das ist der entscheidende *Cut,* den wir machen sollten – keine Mystifizierungen. Zudem gibt es in der Tat Herausforderungen vor allem im Bereich der Kommunikation. Die Kommunikationsstrukturen ändern sich durch die digitalen Technologien, und dazu gehört auch, dass sich die Menschen zunehmend algorithmengesteuert in Filterblasen bewegen. Das bedeutet, dass sie die Informationen bekommen, die sie vorher schon mal abgefragt haben, sich also eine Meinungsverstärkung in diesen Blasen vollzieht. Was dabei verloren gehen kann, ist das Gemeinsame, das in der Demokratie so wichtig ist und die Fähigkeit zu begründeter Kritik. Nicht Gruppen*bildung* – sozusagen ein moderner Tribalismus – sondern wir als Bürgerinnen und Bürger *bilden* uns unsere Auffassungen in inklusivem Austausch. Die alten humanistischen Bildungsziele, Urteilskraft und Persönlichkeitsbildung, Autonomie und Respekt, sind heute so wichtig wie noch nie.

4 Sie kritisieren in Ihrem Buch „Digitaler Humanismus" die sogenannte „Silicon-Valley-Ideologie". Was ist darunter genau zu verstehen, und inwiefern ist diese philosophisch problematisch?

Die Silicon-Valley-Ideologie steht in der Tradition des Puritanismus, der Idee den Menschen von allen Anhaftungen zu lösen, ihn auf eine neue Existenzstufe zu heben, eine transparente, klare, perfekte, eben reine Welt zu schaffen. Der Transhumanismus lässt die *conditio humana* hinter sich, erfindet den Menschen neu und verwischt den Unterschied zwischen Mensch und Maschine. Software-Systeme werden zu Akteuren und Menschen zu Maschinen.

5 Was verstehen Sie unter einem „digitalen Humanismus", und inwiefern kann er die gesellschaftlichen Probleme der Digitalisierung lösen?

Im Kern des philosophischen Humanismus steht die menschliche Autorschaft und die damit verbundene Verantwortung und Freiheit. Der Digitale Humanismus möchte die digitalen Technologien einsetzen, um menschliche Handlungsmöglichkeiten zu erweitern und die Werte der Humanität zu realisieren. Damit stellt er sich sowohl gegen die Aufwertung von Software Systemen zu Akteuren, als auch gegen die Abwertung des Menschen zu algorithmischen Maschinen. Es geht ihm um die Stärkung menschlicher Handlungskompetenz und die Verhinderung der Verantwortungsdiffusion in digital-technologischen Systemen.[1]

---

[1] Die Idee eines Digitalen Humanismus wird ausführlicher entwickelt in Julian Nida-Rümelin/ Nathalie Weidenfeld: *Digitaler Humanismus: Eine Ethik für das Zeitalter der Künstlichen Intelligenz*. München: Piper 2018.

Philosophie der Digitalität

Jörg Noller

Zusammenfassung

Der Beitrag widmet sich aus genuin philosophischer Perspektive dem Phänomen der Digitalität. Er analysiert dessen ontologische, epistemologische und moralphilosophische Dimensionen. Als Schlüsselbegriff erweist sich dabei der Begriff der Virtualität, der jedoch notorisch unklar ist und von verwandten Phänomenen wie Simulationen und Fiktionen unterschieden werden muss. Abschließend werden einige pädagogische Perspektiven aufgezeigt, welche sich aus der Digitalität ergeben.

Schlüsselwörter

Digitalität · Digitalisierung · Virtualität · Digitale Lehre

1   Die Zeit in Gedanken fassen

Philip Specht, Autor des Buches *Die 50 wichtigsten Themen der Digitalisierung*, schreibt, diese werde uns „mit der wohl größten zivilisatorischen Herausforderung konfrontieren, die es je zu bewältigen galt." (Specht 2018, S. 10) Wenn Philosophie nicht nur historische Rückschau bedeutet, sondern beanspruchen will, für die Gegenwart und die Zukunft Bedeutung zu besitzen, dann darf sie gerade auch zu den neueren Entwicklungen der Digitalisierung nicht schweigen. Sie muss

---

J. Noller (✉)
Ludwig-Maximilians-Universität München, München, Deutschland
E-Mail: joerg.noller@lrz.uni-muenchen.de

© Der/die Autor(en), exklusiv lizenziert durch Springer-Verlag GmbH, DE, ein Teil von Springer Nature 2021
U. Hauck-Thum und J. Noller (Hrsg.), *Was ist Digitalität?*, Digitalitätsforschung / Digitality Research, https://doi.org/10.1007/978-3-662-62989-5_4

kritisch Stellung nehmen, alltägliche Begriffe reflektieren und selbst neue Begriffe prägen, mit denen wir die Wirklichkeit besser verstehen können – eine Wirklichkeit, die immer mehr auch virtuelle Realitäten in sich schließt. Wenn die Aufgabe der Philosophie darin besteht, „[d]as was ist zu begreifen", und wenn sie „ihre Zeit in Gedanken erfaßt", wie Hegel in seinen *Grundlinien der Philosophie des Rechts* schreibt (TWA VII, 26), dann muss sie für die neueren Entwicklungen der Digitalisierung neue Begriffe prägen und mit überkommenen in eine Verbindung setzen.

Ziel dieses Beitrags ist es, den Begriff der Digitalität, der in letzter Zeit immer mehr in den geisteswissenschaftlichen Diskurs Eingang gefunden hat (vgl. Stalder 2016), philosophisch näher zu bestimmen. Methodologisch ist der Begriff der Digitalität deswegen zentral, da allzu oft in der gegenwärtigen philosophischen Debatte die Bedeutung der Digitalisierung vor allem auf das Problem der künstlichen Intelligenz und deren ethische Herausforderungen reduziert wurde, ohne die philosophische Komplexität dieses Phänomens in ihrer ganzen Tiefe zu explorieren. Dazu bedarf es einer ontologischen, epistemologischen und moralphilosophischen Analyse. Der folgende Beitrag versteht sich als Skizze und Forschungsprogramm einer Philosophie der Digitalität.[1]

Die philosophische Bestimmung des Digitalitätsbegriffs soll im Folgenden in Art eines kritischen Mittelweges zwischen zwei dominanten gegenwärtigen Positionen erfolgen. Zum einen grenzt sich der Beitrag von spekulativen Positionen ab, welche die Entwicklung der Digitalisierung derart aufladen, dass daraus Utopien und Science-Fiction-Szenarien werden, deren Realität jedoch äußerst fragwürdig ist und nur den Status einer bloßen *Möglichkeit* besitzt. Solche Positionen überschätzen die Digitalisierung und ihr Potenzial und münden nicht selten in Ideologien.[2] Zum anderen grenzt sich der Beitrag von Positionen ab, die in der Entwicklung der Digitalisierung eine bloße Technik zum Zwecke der Erleichterung und Bewältigung des Alltags verstehen. Solche Positionen unterschätzen dagegen das ontologische Potenzial der neuen Medien und vermögen nicht, die Differenz zwischen Digitalisierung und Digitalität zu begreifen. Diese Differenz, die zu bestimmen sich der folgende Beitrag zum Ziel gesetzt hat, soll im Folgenden die „digitale Differenz" genannt werden. Um sie zu bestimmen, soll jene ontologische Transformation expliziert werden, welche mit der Digitalisierung einhergeht. Diese Transformation verläuft nicht so sehr vertikal im Sinne einer Steigerung und Verbesserung bisheriger Ansätze, sondern horizontal im Sinne einer neuen ontologischen Struktur, die diese Phänomene durchzieht und die deswegen nicht selten übersehen wird.

---

[1] Eine systematische Ausarbeitung unternimmt der Vf. in seinem gleichnamigen Buch „Philosophie der Digitalität", welches im Metzler-Verlag erscheinen wird.

[2] Diese Position kann mitunter metaphysisch und quasi-religiös aufgeladen werden, so dass sie zu dem führt, was Julian Nida-Rümelin treffend die „Silicon-Valley-Ideologie" genannt hat (Nida-Rümelin und Weidenfeld 2018, S. 18).

2 Digitalisierung und Digitalität

Aus kulturwissenschaftlicher Perspektive hat Felix Stalder (2016) den Begriff der Digitalität geprägt. Darunter versteht Stalder eine spezifische Kultur, die mit dem Aufkommen neuer Medien einhergeht und die Medialität der „Gutenberg-Galaxis", wie Marshall McLuhan (1962) die Kultur der gedruckten Schrift nannte, abgelöst hat. Die „Kultur der Digitalität" versteht Stalder als „enorme Vervielfältigung der kulturellen Möglichkeiten" (Stalder 2016, S. 10) und Herausbildung von neuen Formen als „konkrete Realität des Alltags" (Stalder 2016, S. 9). Die Kultur der Digitalität ist charakterisiert durch einen dichten Zusammenhang verschiedener neuerer Entwicklungen, zu denen vor allem das Internet als ein neues Massenmedium zählt (Stalder 2016, S. 12). Stalder spricht davon, dass sich verschiedene, zunächst heterogene und entlegene Strömungen zu einer „kulturelle[n] Umwelt" (Stalder 2016, S. 95) verschränken. Es geht Stalder dabei um die Analyse allgemeiner Formen dieser neuen Entwicklungen, also nicht um verschiedene Kulturen, sondern um *die* Kultur der Digitalität (Stalder 2016, S. 12 f.). Stalder identifiziert drei „gemeinsame formale Eigenheiten" (Stalder 2016, S. 95), die die einheitliche Kultur der Digitalität konstituieren, und die er *Referenzialität, Gemeinschaftlichkeit* und *Algorithmizität* nennt (Stalder 2016, S. 13). Diese drei Formen tragen wesentlich zur Bedeutungskonstitution in Zeiten der Digitalisierung bei und sollen im Folgenden kurz dargestellt werden.

Referenzialität bedeutet „die Nutzung bestehenden kulturellen Materials für die eigene Produktion" (Stalder 2016, S. 13) bzw. „eine Methode, mit der sich Einzelne in kulturelle Prozesse einschreiben und als Produzenten konstituieren können" (Stalder 2016, S. 95), d. h. die freie, kreative Bezugnahme auf bereits Vorhandenes zum Zwecke der Erzeugung neuer Bedeutungen. Die Referenzialität ist insbesondere in Zeiten der schier unüberschaubaren Masse an Informationen von zentraler Bedeutung, um Orientierung zu schaffen. Die freie Verfügbarkeit und Zugänglichkeit, insbesondere durch das Internet, erlaubt diese Praxis und Form.

Gemeinschaftlichkeit bedeutet „einen kollektiv getragenen Referenzrahmen" (Stalder 2016, S. 13), also die historischen und gesellschaftlichen Bedingungen, unter denen die unübersichtliche Anzahl an Informationen durch Referenzialität gesichtet und zu Bedeutungen geordnet werden kann. Gemeinschaftlichkeit kann durchaus bestimmten Zwängen unterliegen, die das Subjekt selbst nicht reflektiert. Stalder versteht dabei Kultur als „geteilte soziale Bedeutung" (Stalder 2016, S. 95).

Algorithmizität schließlich bedeutet „automatisierte Entscheidungsverfahren" (Stalder 2016, S. 13), welche nicht, wie die Referenzialität und Gemeinschaftlichkeit, auf individuelle oder kollektive Entscheidungen zurückgeht, sondern der künstlichen Intelligenz übertragen werden. Diese Verfahren sind basaler Art und stellen insofern Grundoperationen dar. Sie strukturieren die schiere Masse an Daten und Informationen so vor, dass sie für individuelle und gemeinschaftliche Bezugnahme handhabbar wird. Sie stellen damit einen Rahmen dar, der

der Gemeinschaftlichkeit noch vorgelagert ist, gewissermaßen die Bedingung der Möglichkeit von Bedeutungskonstitution (vgl. Stalder 2016, S. 96). Stalder konstatiert in dieser Hinsicht eine Dialektik, die darin besteht, dass die Algorithmizität einerseits die Freiheit der Bedeutungskonstitution ermöglicht, andererseits sie von vorn herein durch ihre unverfügbaren Vorgaben einschränkt (Stalder 2016, S. 96).

Was ist nun der Unterschied zwischen Digitalität und Digitalisierung? Während Digitalisierung das technische Phänomen der Umwandlung analoger in digitale Information betrifft, bezieht sich Digitalität auf die lebensweltliche Bedeutung der Digitalisierung als *Realität eigener Art* und verweist damit auf das Phänomen der Virtualität. Die lebensweltliche Bedeutung der Digitalisierung liegt auf der Hand: Wir können digitale Daten unabhängig von Raum und Zeit konservieren und hypertextuell vernetzen. Wir können einerseits virtuelle Handlungen durch einen bloßen Mausklick vollziehen und unsere Identität dabei verschleiern. Anderseits hinterlassen wir nicht mehr löschbare Spuren im Internet. Nicht nur unser Realitätsbegriff, sondern auch unser Raum- und Zeitbegriff wird im Rahmen der Digitalität strapaziert. Bislang wurde diese lebensweltliche Bedeutung der Digitalisierung und ihrer Implikationen nur selten aus genuin philosophischer Perspektive befragt. Wenn Stalder davon spricht, dass die Digitalität eine neue Form von Kultur und Umwelt bedeutet, dann muss diese neue Realität auch ontologisch näher bestimmt werden können. Der Oxforder Philosoph Luciano Floridi hat diesbezüglich folgende Frage aufgeworfen: „Gibt es eine verbindende Perspektive, aus der sich all diese Phänomene [scil. der Digitalisierung] als Aspekte eines einzigen makroskopischen Trends interpretieren lassen?" (Floridi 2015, S. 7) Diese verbindende Perspektive ist die Virtualität.

3 Virtualität und die Ontologie der Digitalität

Was bedeutet „Virtualität"? Der spanische Soziologe Manuel Castells hat in seinem Buch *Der Aufstieg der Netzwerkgesellschaft* die Kultur der Digitalität als „Kultur der realen Virtualität" (Castells 2017, S. 408) bestimmt. Er hat dabei implizit eine ontologische Bestimmung der Digitalität vorgenommen und von einem „digitalen Universum" (Castells 2017, S. 458) gesprochen. Darin werden die verschiedensten Formen der Kultur „zu einem gigantischen, nicht-historischen Hypertext" verbunden, die er auch als „symbolische Umwelt" bestimmt, und in welcher „die Virtualität zu unserer Wirklichkeit" wird (Castells 2017, S. 458). Kultur stellt demnach immer schon eine virtuelle Realität dar, sodass es eine unmittelbare, eigentliche Erfahrung der Wirklichkeit nicht gebe:

> Alle Wirklichkeiten werden durch Symbole kommuniziert. Und in der menschlichen, interaktiven Kommunikation sind unabhängig vom Medium alle Symbole im Hinblick auf den ihnen zugeschriebenen semantischen Sinn etwas verschoben. In gewisser Weise wird jede Realität virtuell wahrgenommen. (Castells 2017, S. 459)

Castells grenzt in diesem Zusammenhang virtuelle Realität von realer Virtualität ab. Die reale Virtualität ist dadurch ausgezeichnet, dass nicht mehr die Differenz des Symbolischen zur Realität entscheidend ist, sondern der „binäre[] Code: Präsenz/Absenz im Multimedia-Kommunikationssystem" (Castells 2017, S. 461), da die Symbole nun hypertextuell aufeinander verweisen und so eine eigene Realität konstituieren. Castells versteht dieses „neue Kommunikationssystem", welches die reale Virtualität der Digitalität repräsentiert als

> ein System, in dem die Wirklichkeit selbst (d. h. die materielle/symbolische Existenz der Menschen) vollständig eingefangen ist, völlig eingetaucht in eine Umgebung virtueller Bilder, in der Welt des Glaubenmachens, in der die Erscheinungen nicht bloß auf dem Bildschirm sind, durch den die Erfahrung kommuniziert wird, sondern in der sie die Erfahrung werden. Alle Botschaften aller Art werden in das Medium eingeschlossen, weil das Medium so umfassend, so diversifiziert, so formbar geworden ist, dass es die ganze menschliche Erfahrung in denselben Multimedia-Text absorbiert, Vergangenheit, Gegenwart und Zukunft wie in jenen einzigen Punkt des Universums. (Castells 2017, S. 459 f.)

Castells bemerkt im Rahmen seiner kultursoziologischen Analyse der Digitalität, dass darin auch unsere bisherige Ordnung von Raum und Zeit als den „fundamentalen Dimensionen des menschlichen Lebens" transformiert werden:

> Örtlichkeiten werden entkörperlicht und verlieren ihre kulturelle, historische und geografische Bedeutung. Sie werden in funktionale Netzwerke integriert, oder auch in Collagen von Bildern. Dadurch entsteht ein Raum der Ströme anstelle eines Raums der Orte. Die Zeit wird in dem neuen Kommunikationssystem ausradiert, wenn Vergangenheit, Gegenwart und Zukunft programmiert werden können, um miteinander in ein und derselben Botschaft zu interagieren. Der *Raum der Ströme* und die *zeitlose Zeit* sind die materiellen Grundlagen einer neuen Kultur, welche die Verschiedenheit der historisch überkommenen Systeme der Repräsentation überschreitet und in sich einschließt: die Kultur der realen Virtualität (Castells 2017, S. 462).

Wie ist Castells soziologische Theorie der Digitalität philosophisch zu bewerten? Problematisch ist dabei besonders die Unterscheidung von virtueller Realität und realer Virtualität, die suggeriert, bei virtueller Realität handle es sich nur um eine symbolische Repräsentation und eine hermeneutische Erfahrungsdimension. Castells Begriff virtueller Realität basiert auf der postmodernen Prämisse, dass es *die* Realität nicht gebe, sondern nur Interpretationen von ihr und symbolische Bezugnahmen, wie er mit Bezug auf Roland Barthes und Jean Baudrillard argumentiert.[3]

Durch Castells postmoderne Prämisse wird jedoch die entscheidende *begriffliche* Differenz zwischen virtueller Realität, Realität und bloßer Simulation nicht angemessen berücksichtigt. Genau genommen bedeutet virtuelle Realität nämlich keine bloße Simulation, wie es die Rede von einer „virtual reality (VR)" nahelegt.

---

[3]Vgl. Castells 2017, S. 459: „Es gibt […] keine Trennung zwischen der ‚Wirklichkeit' und ihrer symbolischen Repräsentation. In allen Gesellschaften hat die Menschheit in einer symbolischen Umwelt existiert und durch sie gehandelt."

Der hierbei verwendete Realitätsbegriff ist nicht präzise bestimmt, denn Realität ist scharf von bloßer Simulation zu unterscheiden, auch wenn Simulationen freilich real, d. h. tatsächlich stattfinden und kausal relevant sein können.[4] Begrifflich sind Simulationen den Realitäten aber immer nur ‚ähnlich', denn sie weichen in vielen Aspekten gerade von der Realität ab, indem sie fokussieren, simplifizieren, abblenden und modulieren. In dieser relativen Freiheit gegenüber der Realität ähneln Simulationen in vielen Hinsichten Fiktionen, die sich jedoch noch weiter von der Realität entfernen und nicht mehr in (partieller und relativer) struktureller Analogie zur Realität stehen, sondern sich absolut emanzipiert haben, eine Eigenlogik fiktionaler Gegenstände und Welten konstituieren.[5] Es gilt daher, den Begriff der virtuellen Realität mit Blick auf die Begriffe der Realität, der Simulation und der Fiktion näher zu bestimmen (vgl. dazu neuerdings auch Chalmers 2017).

Der Begriff der Virtualität wird nicht erst im Rahmen der Digitalisierung bedeutsam, wie Mark Grimshaw in seiner Einleitung zum *Oxford Handbook of Virtuality* betont hat: „[D]espite its recent connection to the digital domain, the virtual has a long bloodline concerning its relationship to the real and the actual and that ideas and applications of modern digital virtuality are merely late arrivals to the party." (Grimshaw 2014, S. 4) Virtuelle Realitäten lassen sich auf verschiedene Weise erzeugen, und zu ihnen zählen z. B. solche sozialen Institutionen wie digitale Währungen.[6] Die virtuelle Realität, die mit der Digitalität aufs Engste verbunden ist, verdankt sich der Digitalisierung. Diese stellt jene Mittel zur Verfügung, die wir für die konsequente Entfaltung einer virtuellen Realität benötigen. Wie aber müssen wir genau Virtualität bzw. virtuelle Realität verstehen? Das Wort „Virtualität" stammt aus dem Lateinischen „virtus", was so viel bedeutet wie „Tugend", „Tüchtigkeit", „Kraft". Wir können den Kraft-Aspekt der Virtualität im Sinne von kausaler Wirkmächtigkeit verstehen, die wiederum auf ein reales Moment der Virtualität verweist. Virtualität, verstanden als bloße Simulation, wäre also zu schwach, da hier der (kausale) Kraft-Aspekt zu kurz käme. Denn Simulationen haben nur insofern kausale Kraft, als sie als Mittel zu einem bestimmten Zweck verwendet werden, von einem Vorbild (nämlich der simulierten Realität) ontologisch abhängig sind. Virtuelle Realität ist hingegen eine *Realität eigenen Rechts,* die sich von einer vorgegebenen Realität *ontologisch emanzipiert* hat. Dies bedeutet freilich nicht, dass sich aus Simulationen nicht sukzessive virtuelle Realitäten entwickeln können. Diesen Prozess kann man „Virtualisierung" nennen, also die zunehmende Emanzipation von der physischen Realität, hin zu einer virtuellen Realität.

Virtualität ist auch nicht dasselbe wie Fiktion. Fiktionen unterscheiden sich dadurch von Simulationen, dass sie sich nicht an der Realität strukturell

---

[4]Zu einem solchen, alltäglichen Verständnis von virtueller Realität vgl. Sherman und Craig 2003.
[5]Die Frage nach dem ontologischen Status fiktiver Gegenstände wird in der aktuellen philosophischen Debatte kontrovers diskutiert. Für einen überblick vgl. Kroon und Voltolini 2018.
[6]Vgl. zur Sozialontologie virtueller Gegenstände im Anschluss an John Searle: Brey 2003.

orientieren, sondern neue Dimensionen eröffnen, denen freilich dadurch die kausale Kraft verloren geht. Virtuelle Realität kann nun so verstanden werden, dass sie sowohl Aspekte einer Simulation wie auch Aspekte einer Fiktion aufweist, sie dabei jedoch kausal wirksam, d. h. realitätsstiftend, fusioniert. Sie orientiert sich an gewöhnlichen bzw. eigentlichen Formen der Realität (dies ist der simulative Aspekt), erweitert diese aber um neue, uneigentliche Aspekte (dies ist der fiktionale Aspekt), und zwar so, dass dabei kausale Kraft bewahrt bleibt. Virtuelle Realitäten sind, kurz gesagt, uneigentliche Formen von Realität und eröffnen damit neue Möglichkeiten und Formen von (kausaler) Realisierung. Sie stellen damit, philosophisch gewendet, eine Form von *ontologischer Freiheit* dar.

Diese neuen ontologischen Möglichkeiten der Realisierung entstehen dadurch, dass virtuelle Realitäten einer anderen Raum-Zeit-Logik gehorchen als ihre physikalisch gebundenen Vorbilder. Sie bedienen sich dazu anderer Medien und Realisierungsweisen, wie etwa der Digitalisierung. Folgende Beispiele können dies demonstrieren: Währungen (Bitcoin), die nicht materiell existieren, aber etwa in Goldwerte umgetauscht werden können. Juristische Personen wie Vereine, die eigene handlungsfähige Organe besitzen und Träger von Rechten und Pflichten sind, jedoch nicht physisch existieren. Geldscheine, die an sich keinen Wert besitzen, deren Wert aber von der Gesellschaft intersubjektiv garantiert wird. Multiplayer-Computerspiele wie „Second Life" oder „World of Warcraft", in denen Menschen mit Avataren gegeneinander antreten und kausal interagieren, ohne dass es sich dabei um eine bloße Simulation oder Fiktion handelt, obgleich beide als Momente darin aufgehoben sind. Und nicht zuletzt: Online-Seminare, die keine räumliche physische Präsenz der Studierenden verlangen, und durch digitale Strukturen den Lehr- und Lernprozess flexibilisieren.

Diese Fragen nach der Realität und den Eigenschaften von virtuellen Gegenständen betreffen die philosophische Disziplin der Ontologie. Die Ontologie virtueller digitaler Gegenstände unterscheidet sich fundamental von substanzontologischen Zugriffen auf die Welt, die am Paradigma pysikalischer Gegenstände orientiert ist.[7] Philip Brey bemerkt dazu: „Currently, there is widespread ontological confusion about virtual reality and its relation to the real world, which contributes to a flawed understanding of virtual reality and its potential." (Brey 2014, S. 43) Diese ontologische Konfusion rührt daher, dass wir nicht umhin können, virtuellen Gegenständen eine gewisse Realität zuzugestehen, obwohl sie von der physikalischen Realität gänzlich verschieden sind: „Virtual objects do exist, they populate the virtual environments used by millions of users all over the world, and they are things we refer to and interact with. But how can we then say

---

[7]Vgl. Hui 2016, S. 3: „[P]hilosophical conceptualizations of the object, as developed, for instance, from Aristotle to late modern philosophy, passing by thinkers such as Descartes, Kant, Hegel, and Husserl, have mainly been concerned with questions of the substance and appearance of things, have largely been limited to the understanding of natural objects and have thus been unable to address the question of digital objects." Zum Unterschied zwischen „digital ontology" und „informational ontology" vgl. Floridi 2009.

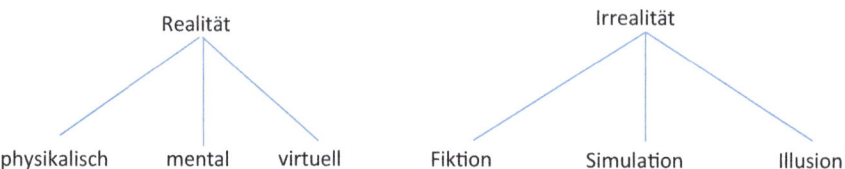

Abb. 1 Formen von Realität und Irrealität

that something exists and at the same time is not real?" (Brey 2014, S. 43) Hier könnte man nun argumentieren, dass virtuelle Gegenstände bloße Simulationen von realen Gegenständen seien. Tatsächlich müssen wir simulierte Gegenstände von virtuellen Gegenständen unterscheiden. Denn während Simulationen von ihren realen Vorbildern abhängig sind, sie diese nur modellhaft darstellen, indem sie von ihrer gesamten Wirklichkeit abstrahieren, besitzen virtuelle Gegenstände eine gewisse Autonomie, die sie von ihren physikalischen Vorbildern unterscheiden und davon unabhängig und eigenständig werden lassen. Sie können gar ein Eigenleben entwickeln und fiktive Eigenschaften hinzugewinnen, die ihnen normalerweise gar nicht zukommen. Deswegen müssen wir virtuelle Gegenstände sehr wohl als Objekte verstehen: „Digital objects qualify as objects because they are persistent, unified, stable structures with attributes and relations to other objects, and agents can use and interact with them." (Brey 2014, S. 44).

Doch inwiefern sind virtuelle digitale Objekte als real anzusehen? Wir können neben virtuellen Gegenständen auch noch fiktive Gegenstände und Figuren unterscheiden, wie sie etwa in Filmen oder Romanen vorkommen. Doch können wir mit literarischen Fantasiefiguren niemals interagieren, und von diesen gehen keine kausalen Kräfte aus. Wenn virtuelle Gegenstände nicht nur fiktiv sind, sondern kausale Kräfte besitzen, dann scheinen wir gezwungen zu sein, sie als ebenso real wie physikalische Objekte anzusehen. Es ergibt sich demnach die in Abb. 1 dargestellte vorläufige Übersicht.

Virtuelle Gegenstände ähneln damit in gewisser Hinsicht mentalen Phänomenen wie Gedanken. Auch diese besitzen kausale Kräfte und stellen eine eigene ontologische Realität dar, die nicht auf die sie erzeugende Struktur – das physikalische Gehirn in Analogie zur Computerhardware oder dem Quellcode – reduzierbar ist, ohne an Bedeutung zu verlieren.

4 Kategorien der Digitalität

Wenn Digitalität eine eigene Ontologie impliziert, dann benötigen wir Kategorien, um sie zu begreifen. Diese Kategorien werden vor allem auf die Raum- und Zeitlogik zu reflektieren haben, nach denen Dinge virtuell als Phänomene der Digitalität existieren. Davon ausgehend müssen die Relationen analysiert werden, in denen virtuelle Dinge zueinander stehen. Nicht zuletzt muss auf die Dinghaftigkeit der virtuellen Objekte selbst reflektiert werden. Es bietet sich an, die Kategorien der Digitalität als „Digitalien" zu bezeichnen, in Analogie zu Heideggers Begriff der „Existenzialien"[8].

Zunächst ist die veränderte Raum- und Zeitlogik der Digitalität zu beachten, die Castells durch die paradoxen Begriffe „*Raum der Ströme* und [...] *zeitlose Zeit*" (Castells 2017, S. 462) vorläufig bestimmt hat. Die digitale Differenz zu vollziehen bedeutet, zwischen der technischen Seite, die raumzeitlich lokalisiert ist, und der dadurch erzeugten virtuellen Realität zu unterscheiden. Denn Raum und Zeit spielen im Bereich der digitalen virtuellen Realität eine andere Rolle als in der physikalischen Realität. Digitale Objekte sind ortslos, von überall abrufbar, omnipräsent, unmittelbar, zum Greifen nahe. Ortslosigkeit und Zeitlosigkeit werden darin fusioniert zu einer ubiquitären Präsenz. Ortslos sind digitale Gegenstände insofern, als sie in horizontalen Relationen der Vernetzung stehen. Diese Vernetzungen sind als Relationen nicht stabil, sondern einem permanenten Wandel unterworfen. Das Internet ist eine permanente Relationierung und Hypertextualisierung virtueller Objekte. Die Topologie des virtuellen Raumes lässt sich also sehr wohl im Sinne einer Ausdehnung verstehen, nur ist diese Ausdehnung nicht physisch, sondern logisch zu verstehen. Damit kommt dem virtuellen Raum eine qualitative Dimension zu: er ist nicht definiert durch Quantität, sondern durch Intensität und Komplexität. Insofern kann auch eine Bewegung im virtuellen Raum stattfinden, nämlich dann, wenn man Relationen folgt oder Relationen herstellt, gleich einem Gedankengang.

Die Zeitlogik des digitalen Raumes kann mit Bezug auf die Zeitphilosophie J.M.E. McTaggarts näher analysiert werden.[9] McTaggart unterscheidet zwischen einer A-, einer B- und einer C-Reihe der Zeit: Die A-Reihe der Zeit symbolisiert jene subjektive Zeiterfahrung, wonach ein Zeitpunkt in einer Zeitreihe von einem Subjekt aus betrachtet entweder gegenwärtig, vergangen oder zukünftig sein kann. Ob ein Zeitpunkt in einen der drei Bereiche – Vergangenheit, Gegenwart oder Zukunft – fällt, hängt davon ab, wie sich das Subjekt der Zeit dazu verhält. Das indexikalische Wort „jetzt" bezeichnet denjenigen Zeitpunkt, zu dem es ausgesprochen wird, also heute einen anderen Zeitpunkt als morgen. Von dieser subjektabhängigen Zeitauffassung der A-Reihe der Zeit unterscheidet McTaggart eine B-Reihe der Zeit, welche die einzelnen Zeitpunkte nur dahingehend unterscheidet, ob sie früher oder später voneinander auf dem Zeitstrahl liegen. Sie haben also im Gegensatz zur A-Reihe einen subjektunabhängigen zeitlichen Status, der nicht weiter indexiert werden kann. Neben der A- und B-Reihe unterscheidet McTaggart noch eine C-Reihe, die wir dann enthalten, wenn wir die

---

[8] Vgl. Heidegger 1967, S. 45: „Existenzialien und Kategorien sind die beiden Grundmöglichkeiten von Seinscharakteren. Das ihnen entsprechende Seiende fordert eine je verschiedene Weise des primären Befragens: Seiendes ist ein *Wer* (Existenz) oder ein *Was* (Vorhandenheit im weitesten Sinne)."

[9] Vgl. McTaggart 1908, S. 462: „[T]he C series [...] is not temporal, for it involves no change, but only an order."

zeitlichen Determinanten abziehen. Diese ist also nicht zeitlich, sondern besteht aus bloßen Relationen oder Ordnungen von (zeitlosen!) Ereignissen (man könnte sagen: der relationalen Ontologie, die der Zeit zugrunde liegt). Die C-Reihe hat also im Grunde gar keine exklusive, unumkehrbare Richtung, wie sie der Zeitpfeil hat. Insofern beschreibt die C-Reihe die Zeitstruktur der Digitalität. Für dieses neuartige Phänomen der raumzeitlichen Ubiquität digitaler Objekte bietet sich der Begriff des „ubiquitären Präsentismus" an.

Als eine weitere Kategorie der Digitalität soll der Begriff der „Interobjektivität" geprägt werden, komplementär zum Begriff der „Intersubjektivität". Denn digitale Objekte stehen in viel intimeren Relationen zueinander, als es physikalische Objekte tun. Im „Internet of Things" kommunizieren Objekte, wie es Subjekte in der Gesellschaft tun. Die Spaltung zwischen Subjekten und Objekten wird somit immer mehr aufgehoben. Luciano Floridi hat in diesem Zusammenhang bereits den Begriff der „Infosphäre" geprägt, der die ontologische Verwobenheit der Digitalität treffend bezeichnet, die durch eine Reibungslosigkeit und Supraleitfähigkeit der Beziehung ausgezeichnet ist und die raumzeitliche Struktur betrifft (vgl. Floridi 2015, S. 65).

Schließlich soll der Begriff der „Transsubjektivität" geprägt werden. Er beschreibt die Externalisierung der Gedanken gemäß jener Raum- und Zeitlogik, die man den ubiquitären Präsentismus nennen kann. Damit ist gemeint, dass mentale Gehalte – Ideen, Gedanken, Meinungen, Gefühle – prinzipiell durch die hypertextuelle Struktur der Digitalität als Trägersubstanz aufgenommen und vom Individuum abgelöst werden können, welches sie hervorgebracht hat.

Die Ontologie der Digitalität steht damit im Kontrast zu herkömmlichen kulturellen Phänomenen, die mit der Individualisierung, der Intersubjektivität, der Kritik der Vergegenständlichung und der Erinnerung und Repräsentation der Geschichte verbunden waren. Denn diesen Ordnungsschemata setzt die Digitalität die Entsubjektivierung und Entindividualisierung durch die Struktur der Teilung, die Vernetzung und Vermittlung („Medialisierung"), die Verobjektivierung und die Enträumlichung/Ubiquität und Entzeitlichung/Präsenz entgegen.

5   Epistemologie der Digitalität

Von allen bisherigen Formen künstlicher Intelligenz darf das *Deep Learning,* also komplexere künstliche neuronale Netze (KNN), als die fortschrittlichste gelten. KNNs finden Anwendung bei komplexen Formen von Mustererkennung, wie in der medizinischen Diagnostik, dem autonomen Fahren oder der Texterkennung. Diese Formen künstlicher Intelligenz sind von arithmetischen Operationen eines Taschenrechners streng verschieden, da sie viel komplexere Operationen ausführen und zusätzlich an beliebige Gegenstandsbereiche angepasst werden können. Es handelt sich dabei also nicht um starre Algorithmen, sondern um dynamische Verfahren, die flexibel und selbstbezüglich sind und gerade dadurch epistemische Signifikanz besitzen.

Nun stellt sich die Frage, inwiefern man KNNs wirklich Intelligenz zusprechen kann, oder ob es sich dabei nicht um uneigentliche Begriffe bzw. Kategorienfehler handelt. Wir neigen dazu, menschliche Eigenschaften in andere Dinge hineinzuinterpretieren, obwohl diese darin gar nicht existieren. Diese Tendenz des Anthropomorphismus betrifft insbesondere auch künstliche Intelligenz. Dies fängt schon damit an, dass wir Computersysteme als Subjekte oder gar als Akteure auffassen, und ihnen epistemische Prädikate wie „klassifizieren", „erkennen", „lernen", „merken", „vernetzen", „erinnern", „wissen" oder gar „verstehen", „denken", „begreifen", „vorstellen", „entscheiden", „wollen" und „handeln" zusprechen.

Intelligenz kann ganz allgemein als Problemlösungskompetenz- oder -Fähigkeit verstanden werden. Künstliche neuronale Netze lösen jedoch nur Probleme, die ihnen von außen („heteronom") gegeben werden, und sie sind auf eine Datengrundlage angewiesen, mit denen man sie ‚füttern' muss. Auch sind künstliche neuronale Netze nicht von selbst („autonom") auf Probleme gerichtet, sondern sie müssen erst von außen auf etwas Bestimmtes ausgerichtet, angesetzt werden. Solange künstliche neuronale Netze nicht von selbst aus beginnen, etwas *als ein Problem* zu erkennen und dieses entsprechend, aus einem Interesse, zu lösen, kann man ihnen deswegen nicht im vollen oder eigentlichen Sinne die oben genannten epistemischen Prädikate zuschreiben. Man könnte sie ihnen aber vorbehaltlich, gewissermaßen hypothetisch zuschreiben. Künstliche neuronale Netze sind demnach hypothetisch intelligent; sie erkennen nur unter den Bedingungen der heteronomen Vorgaben von Interessen, Kategorien, Sollwerten und Datengrundlagen bestimmte Dinge.

Im Falle der Mustererkennung könnte man KNNs durchaus so etwas wie eine „bestimmende Urteilskraft" zuschreiben, die Kant als „das Vermögen, das Besondere als enthalten unter dem Allgemeinen zu denken" bezeichnet hat: „Ist das Allgemeine (die Regel, das Prinzip, das Gesetz) gegeben, so ist die Urteilskraft, welche das Besondere darunter subsumiert […] bestimmend." (Kant (1790/1900), S. 179) Doch sind künstliche neuronale Netze wie gesagt nur schwer als Subjekte oder als Akteure zu verstehen, da sie eben nicht autonom, sondern nur hypothetisch agieren. Eher noch könnte man ihre Wirkungsweise modular verstehen, also als ein separates Vermögen, welches losgelöst von einem Subjekt existiert und deswegen auf dessen Vorgaben angewiesen ist.

Auch sind künstliche neuronale Netze keine Lebewesen, die eigene individuelle Interessen verfolgen können (oder so etwas wie einen Überlebenstrieb zeigen). Entnimmt man ihnen Neuronen, so wachsen diese nicht nach oder regenerieren sich. Dennoch weisen neuronale Netze eine strukturelle Gemeinsamkeit mit Lebewesen auf, und zwar dadurch, dass sie durch Feedbackschleifen selbstbezüglich sind. Künstliche neuronale Netze funktionieren und lernen nach dem Prinzip „Versuch und Irrtum". Die richtige Lösung kann nur indirekt und mittelbar bestimmt werden, was in einem gewissen Kontrast zu klassischen direkten algorithmischen Verfahren steht. Der Lernprozess von KNNs scheint prinzipiell unabschließbar zu sein. Je mehr Daten („Erfahrung") ihnen zugrunde liegen, umso feiner wird ihre Kategorisierungsleistung ausfallen. Darin ähneln sie ganz abstrakt auch der menschlichen Intelligenz, die empirisch durch Erfahrung sukzessiv zu Ergebnissen gelangt. Versteht das künstliche neuronale Netz die Bedeutung einer Kategorie, unter die es treffend eine Information subsumiert hat? Dies scheint nicht der Fall zu sein. Dennoch hat das KNN das hochabstrakte Muster einer Kategorie ‚verinnerlicht', es hat sich ‚eingespielt', was man als eine rudimentäre Form von Bedeutung verstehen könnte. Denn auch wir erlernen Bedeutungen und Begriffe durch Abstraktion und empirische Annäherung.

6 Ethik der Digitalität

Das Phänomen der Virtualität ist nicht nur für die Ontologie der Digitalität zentral, die der Frage nach der Existenzweise digitaler Objekte nachgeht, sondern auch für die Ethik. Denn es stellt sich die Frage, wie virtuelle Ereignisse, Handlungen und Akteure („E-Personen") genauer zu verstehen sind. Angesichts der raumzeitlichen Logik der Digitalität stellt sich die Frage, ob es einer neuartigen Ethik bedarf, oder ob diese Phänomene mit herkömmlichen ethischen Normen und Begriffen geregelt werden können. Benötigen wir also neben einer „analogen" Ethik auch eine „digitale" bzw. „virtuelle" Ethik? Diese Frage hängt ganz entscheidend davon ab, ob durch die Digitalisierung neuartige ethische Probleme entstehen, die mit bisherigen Begriffen nicht erfasst werden können, wenn man die digitale Differenz akzeptiert. Fest steht jedenfalls: Digitale Phänomene sollten nicht vorschnell in bestehende ethische Kontexte eingeordnet und so in ihrer Bedeutung verkürzt werden. Eine Ethik der Digitalität setzt eine genaue Klärung ihrer Ontologie und Epistemologie voraus, die zu einer Neubestimmung von „Akteur", „Handlung", „Ereignis", „Verantwortung" und „Person" führen muss. Es handelt sich bei virtuellen Interaktionen im Internet nicht um Simulationen oder Spielereien, sondern um eigene Realitäten, die unserer Freiheit entspringen.

Entscheidende Grundlage für eine Ethik der Digitalität ist das Internet. Es ist derjenige Raum, in dem sich neuartige ethische Probleme am ehesten zeigen, da sich hier virtuelle Handlungen am meisten und in unvorstellbarer Anzahl und Abfolge vollziehen. Das Internet hat die Tendenz, abgekapselte Teilnetze („Intranetze") mit anderen Netzen zu verbinden – vom Intranetz zum Internet. Seine Struktur ist die reine Form der Kommunikation und Verbindung. Sobald jedoch Verbindungen bestehen, stellt sich die Frage nach der *Verbindlichkeit,* d. h. nach Normen, die die Art und Weise der Verbindung regeln und ethisch qualifizieren.

Das Internet darf als Paradigma der Digitalität gelten. Es ist ein „Medium zweiter Stufe": Es ist kein Medium, sondern die Bedingung der Möglichkeit von Medialität; es ist zu einem Grundbedürfnis wie Wasser, Strom und Wärme geworden; es ist ein Freiheitskontext, in dem sich virtuelle Realität ereignen kann. Dies hat der kalifornische Philosoph Hubert Dreyfus sehr treffend folgendermaßen beschrieben: „The Internet is not just a new technological innovation; it is a new type of technological innovation; one that brings out the very essence of technology." (Dreyfus 2008, S. 1) Die veränderte Raum- und Zeitlogik des Internets, das keiner physikalischen Reibung mehr ausgesetzt ist und vielmehr einen

Handlungsraum virtueller Realität darstellt, bedingt eine Modifikation unseres Verständnisses von Interaktion. Wir treten darin nicht mehr physisch miteinander in Beziehung, sondern virtuell. Handlungen bestehen zumeist im Erstellen und Teilen von Botschaften, d. h. in der Selbstpositionierung im Geflecht der Meinungen und Informationen. Unsere Suchanfragen im Netz konstituieren unsere Persönlichkeit: Wir sind, was wir suchen, schreiben und teilen. Damit findet zum einen eine Vergegenständlichung bzw. Quantifizierung unserer Person statt, zum anderen aber auch eine Entäußerung oder Externalisierung unserer Subjektivität, die sich in das Internet raum- und zeitlos integriert. Hier stellt sich auf eine dringende Weise die Frage nach Datenschutz als Persönlichkeitsschutz: Wie soll und darf mit unseren privaten Daten umgegangen werden. Sind wir rein digitale Objekte der Auswertung?

Aus der Orts- und Zeitlosigkeit virtueller Objekte erwächst ferner die ethische Problematik, dass vergangene Ereignisse nicht vergehen. Das Internet vergisst nichts. Es gleicht einem gewaltigen kulturellen Gedächtnis, das alle Informationen durch seine Zeitlosigkeit nebeneinander abbildet. Scheinbar Disparates wird so mit einem Klick in Beziehung gesetzt und unser gewohnter Begriff von Kausalität verliert an Bedeutung. In diesem Zusammenhang hat die „Charta der Digitalen Grundrechte" der Europäischen Union (www.digitalcharta.eu) in Artikel 18 ein „Recht auf Vergessenwerden" gefordert: „Jeder Mensch hat das Recht auf digitalen Neuanfang." Auf der Seite www.digitalcharta.eu sind 23 Artikel veröffentlicht worden, die sich als „Charta der Digitalen Grundrechte in der Europäischen Union" verstehen. Diese wurde im Jahr 2016 dem Europäischen Parlament in Brüssel und der Öffentlichkeit zur weiteren Diskussion übergeben. Artikel 2 („Freiheit") postuliert: „Jeder hat ein Recht auf freie Information und Kommunikation […]. Es beinhaltet das Recht auf Nichtwissen". Dies ist insofern problematisch, als hier einem Akteur Fahrlässigkeit vorgeworfen werden kann, wenn er sich nicht gründlich genug informiert. Gibt es nicht vielmehr in Zeiten der freien Verfügbarkeit von Informationen die Pflicht zum Wissen? Besonders zentral scheint Artikel 3 zu sein: „Jeder Mensch hat das Recht auf eine gleichberechtigte Teilhabe in der digitalen Sphäre". Artikel 7, der dem Thema „Algorithmen" gewidmet ist, fordert: „Jeder hat das Recht, nicht Objekt von automatisierten Entscheidungen von erheblicher Bedeutung für die Lebensführung zu sein. Sofern automatisierte Verfahren zu Beeinträchtigungen führen, besteht Anspruch auf Offenlegung, Überprüfung und Entscheidung durch einen Menschen. Die Kriterien automatisierter Entscheidungen sind offenzulegen." Artikel 8 („Künstliche Intelligenz") fordert: „Ethisch-normative Entscheidungen können nur von Menschen getroffen werden. […] Für die Handlungen [!] selbstlernender Maschinen und die daraus resultierenden Folgen muss immer eine natürliche oder juristische Person verantwortlich sein." Hier ist freilich der Begriff der Handlung problematisch, der erst noch kritisch geklärt werden müsste, indem auf seine ontologische und epistemologische Struktur reflektiert wird.

Ganz besonders zentral ist Artikel 18 („Recht auf Vergessenwerden"), da er eine neuartige Problematik des Internets betrifft: „Jeder Mensch hat das Recht auf digitalen Neuanfang. Dieses Recht findet seine Grenzen in den berechtigten

Informationsinteressen der Öffentlichkeit". Vergangene Handlungen können immer wieder präsentiert werden. Diese Problematik ist eine direkte Folge des ubiquitären Präsentismus und der Interobjektivität der Digitalität, und unterscheidet sich von der Logik der herkömmlichen Kultur, die alle Ereignisse nach und nach dem Schleier des Vergessenwerdens übergibt. Damit einher geht denn auch die Notwendigkeit einer spezifischen Hermeneutik der Digitalität, die auf ihre Zeitlichkeit zu reflektieren hat.

Zu kurz kommen jedoch in diesen Artikeln die Pflichten, die mit den digitalen Rechten einhergehen. Ein Recht auf einen analogen Raum bzw. ein analoges Residuum scheint nur noch so lange bestehen zu können, bis sich die Vorzüge der Digitalität in allen Bereichen der Lebenswelt bemerkbar machen – ähnlich so, wie es beim Paradigmenwechsel von Dampf- zu elektrisch betriebenen Maschinen der Fall war. Zu wenig berücksichtigt werden in diesem Zusammenhang auch spezifische Tugenden, die in der Infosphäre relevant werden. In erster Linie sei hierbei auf die Medienkompetenz verwiesen, also das Wissen darum, welche Informationen relevant, gesichert und glaubwürdig sind. Damit ist der Übergang zum letzten Teil dieses Beitrages hergestellt, der die pädagogischen Dimensionen der Digitalität betrifft.

7 Pädagogische Perspektiven

Anhand der im vorigen entwickelten Kategorien der Digitalität (der „Digitalien") sollen abschließend noch Perspektiven entwickelt werden, welche das Lernen und Lehren im digitalen Raum betreffen.[10] Das Internet als ein Handlungsraum ist ebenso ein Lehr- und Lernraum. Es erlaubt die Anbindung und Integration verschiedener Medien zu einem verbindlichen Lernkontext – einem Hypermedium. Dadurch wird Lernen und Lehren nicht simuliert, sondern es emergieren neue Formen des Lernens und Lehrens. Es werden damit in letzter Konsequenz auch neue Formen des Denkens kultiviert, die wesentlich mit der Vernetzung zusammenhängen. Das Denken der Digitalität erhält dadurch eine besondere Bedeutung, dass, wie im Vorigen gezeigt wurde, virtuelle Objekte in einer systematischen Analogie zu mentalen Phänomenen stehen.

Entscheidend für die Frage nach dem Lehren und Lernen im Kontext der Digitalität ist das Phänomen des Hypertextes. Ein Hypertext ist wesentlich durch sinnvolle und bedeutungskonstituierende Verknüpfungen strukturiert: „Verknüpfungen sind […] auch in Hypertexten durchaus nicht nur formal definiert, d. h. legen nicht nur bloße Reihenfolgen fest und erbringen nicht nur assoziative Leistungen, sondern können explizit in semantischer und argumentativer Hinsicht spezifiziert werden." (Kuhlen 1991, S. VIII) In der Nicht-Linearität des Hypertextes ist also eine gewisse Flexibilität und Referenzialität angelegt, die

---
[10]Für eine ausführliche Behandlung dieser Frage, speziell mit Blick auf das Fach Philosophie, vgl. Noller (2019) sowie Noller und Ohrenschall (2021).

denjenigen, der den Text rezipiert, auf eine bestimmte Art und Weise aktiviert. Der Leser bestimmt darin selbst, wie sie sich ein Thema erschließt; die Nutzerin ‚knüpft' das ‚Netz' des Wissens weiter: „Die Grundidee von Hypertext besteht darin, daß informationelle Einheiten, in denen Objekte und Vorgänge des einschlägigen Weltausschnittes auf textuelle, grafische oder audiovisuelle Weise dargestellt werden, flexibel über Verknüpfungen manipuliert werden können. Manipulation bedeutet hier in erster Linie, daß die Hypertexteinheiten vom Benutzer leicht in neue Kontexte gestellt werden können, die sie selber dadurch erzeugen, daß sie ihnen passend erscheinenden Verknüpfungsangeboten nachgehen. […] Manipulation und kooperativer Dialog sind also die wesentlichen Prinzipien von Hypertext." (Kuhlen 1991, S. 13 f.) Begriffe erhalten ihre Bedeutung nur im semantischen Kontext, in dem sie stehen, und dieser Kontext ist dialogisch bzw. intersubjektiv verfasst. Die Bedeutung ist umso einheitlicher, je kohärenter das semantische Netz und intensiver der Dialog ist.

Versteht man das Internet als einen virtuellen Lehr- und Lernraum, der durch die Kategorien der Digitalität definiert ist, dann ermöglicht es seine Raum- und Zeitlogik, mentale Gehalte wie Gedanken auf eine besondere Weise zu externalisieren, die nicht mehr allein an das sie erzeugende Subjekt gebunden sind. Vielmehr entsteht ein Gedankenraum und -kontext, in welchen sich jedes lehrende und lernende Subjekt einschalten kann. Der virtuelle Lehr- und Lernkontext erweist sich damit als eine Topologie, die immer weiter vernetzt werden kann, unabhängig vom Träger der Gedanken. Eben dies beschreibt die Kategorie der Transsubjektivität.

Literatur

Brey, Philip. 2003. The Social Ontology of Virtual Environments. *American Journal of Economics and Sociology*, Vol. 62, No. 1: 269–282.
Brey, Philip. 2014. The physical and social reality of virtual worlds. In *The Oxford Handbook of Virtuality*, Hrsg. Mark Grimshaw, 42–54. Oxford: Oxford UP.
Castells, Manuel. ²2017. *Der Aufstieg der Netzwerkgesellschaft. Das Informationszeitalter. Wirtschaft – Gesellschaft – Kultur*. Bd. 1. Wiesbaden: Springer VS.
Chalmers, David. 2017. The Virtual and the Real. *Disputatio* 9 (46): 309–352. https://doi.org/10.1515/disp-2017-0009.
Charta der Digitalen Grundrechte der Europäischen Union (www.digitalcharta.eu).
Dreyfus, Hubert. 2008. *On the Internet*. Second Edition. London/New York: Routledge.
Floridi, Luciano. 2009. Against digital ontology. *Synthese* 168: 151–178.
Floridi, Luciano. 2015. *Die 4. Revolution. Wie die Infosphäre unser Leben verändert*. Berlin: Suhrkamp.
Grimshaw, Mark. 2014. Introduction. In: *The Oxford Handbook of Virtuality*, Hrsg. Mark Grimshaw, 1–14. Oxford: Oxford UP.
Hegel, Georg Wilhelm Friedrich. 1820/1986. Grundlinien der Philosophie des Rechts. In: *Theorie Werkausgabe* (TWA), Bd. 7. Frankfurt/M.: Suhrkamp.
Heidegger, Martin. ¹¹1967. *Sein und Zeit*. Tübingen: Niemeyer.
Hui, Yuk. 2016. *On the Existence of Virtual Objects* (= Electronic Mediations, 48). Minneapolis/London: University of Minnesota Press.
Kant, Immanuel (1790/1900): Kritik der Urteilskraft. In: *Akademie-Ausgabe*, Bd. 5, Berlin.

Kroon, Fred, und Voltolini, Alberto. 2018. Fictional Entities. In *The Stanford Encyclopedia of Philosophy* (Winter 2018 Edition), Hrsg. Edward N. Zalta, URL = <https://plato.stanford.edu/archives/win2018/entries/fictional-entities/>.
Kuhlen, Rainer. 1991. *Hypertext. Ein nicht-lineares Medium zwischen Buch und Wissensbank*. Berlin: Springer.
McLuhan, Marshall. 1962. *The Gutenberg Galaxy. The Making of Typographic Man*. London: Faber and Faber.
McTaggart, J. Ellis. 1908. The Unreality of Time. *Mind* 17/68: 457–474.
Nida-Rümelin, Julian, und Weidenfeld, Natalie 2018. *Digitaler Humanismus. Eine Ethik für das Zeitalter der künstlichen Intelligenz*. München: Piper.
Noller, Jörg. 2019. Blogseminar und Wikiseminar: Hypertextuelle Strukturen in der philosophischen Lehre. In *Methoden in der Hochschullehre. Interdisziplinäre Perspektiven aus der Praxis*, Hrsg. Jörg Noller u. a., 295–317. Wiesbaden: Springer VS.
Noller, Jörg, und Ohrenschall, Marcel. 2021. „PhiloCast": Konzeption und Entwicklung eines philosophischen Youtube-Kanals. In *Studierendenzentrierte Hochschullehre. Von der Theorie zur Praxis*, Hrsg. Jörg Noller et al., 247–264. Wiesbaden: Springer VS.
Sherman, William R., und Craig, Alan B. 2003. *Understanding Virtual Reality. Interface, Application, and Design*. San Francisco: Morgan Kaufmann.
Specht, Philip. ^{3}2018. *Die 50 wichtigsten Themen der Digitalisierung. Künstliche Intelligenz, Blockchain, Bitcoin, Virtual Reality und vieles mehr verständlich erklärt*. München: Redline.
Stalder, Felix. 2016. *Kultur der Digitalität*. Berlin: Suhrkamp.

Pädagogische und didaktische Aspekte

Mediale Paradigmen, palliative Didaktik und die Kultur der Digitalität

Axel Krommer

Zusammenfassung

Der folgende Text beleuchtet den aktuellen Diskurs über zeitgemäße Bildung primär aus kulturhistorischer Perspektive. In begrifflich-konzeptioneller Anlehnung an Thomas Samuel Kuhn werden Leitmedien als Paradigmen verstanden, die Kultur und Gesellschaft maßgeblich beeinflussen. Vor diesem Hintergrund wird zunächst schlaglichtartig beleuchtet, wie die Paradigmen der Oralität, Skriptografie, Typografie und Digitalität jeweils Lernen, Wissen und Bildung prägen. Anschließend werden medienhistorische Paradigmenwechsel strukturell analysiert und auf die Bildungsdebatte bezogen. Als typisch-krisenhaftes Phänomen des Übergangs zwischen zwei Paradigmen wird schließlich das Konzept der palliativen Didaktik in den Blick genommen.

Schlüsselwörter

Paradigma · Medienbegriff · Palliative Didaktik · Skinner · Digitalität

1 Medien, Werkzeuge und Paradigmen

Eine – auch im Bildungskontext – sehr verbreitete Vorstellung davon, was ein Medium ist, lässt sich folgendermaßen zusammenfassen: Medien sind reine Werkzeuge, deren Zweck darin besteht, vorab festgelegte Unterrichtsziele zu erreichen.

Mehr oder weniger deutliche Spuren dieses Werkzeug-Medienbegriffs lassen sich u. a. im KMK-Papier zur Bildung in der digitalen Welt (2016), im

---

A. Krommer (✉)
Nürnberg, Deutschland

© Der/die Autor(en), exklusiv lizenziert durch Springer-Verlag GmbH, DE, ein Teil von Springer Nature 2021
U. Hauck-Thum und J. Noller (Hrsg.), *Was ist Digitalität?*, Digitalitätsforschung / Digitality Research, https://doi.org/10.1007/978-3-662-62989-5_5

Medienkompetenz-Rahmen des Landes Nordrhein-Westfalen (vgl. Medienberatung NRW 2020) und in der einflussreichen schulpädagogischen Position Zierers (2018) nachweisen (vgl. Krommer 2019a).

Konzeptionell geht dieser Common-Sense-Medienbegriff auf das Sender-Empfänger-Modell von Shannon und Weaver (1949) zurück. In diesem Rahmen sind Medien neutrale Übertragungskanäle für Informationen. Durch welchen Kanal eine Information von A nach B fließt, ist dabei unbedeutend: „It may be a pair of wires, a coaxial cable, a band of radio frequencies, a beam of light etc." (Shannon und Weaver 1949, S. 34) Medien sind für Shannon und Weaver beliebig austauschbare Werkzeuge, die lediglich einen bestimmten Zweck erfüllen (müssen).

Wenn man Medien im Unterricht ebenfalls als neutrale Werkzeuge ansieht, besteht die Gefahr, dass Schulentwicklung mit dem Austausch von Werkzeugen verwechselt wird: Lernziele, die man gestern mit Buch und Arbeitsblatt zu erreichen suchte, nimmt man heute mit dem Computer und dem Internet in den Blick. Und weil man ggf. schneller am Ziel ist oder Ergebnisse besser sichern kann, hat dieser Werkzeugwechsel (scheinbar) auch einen Mehrwert, der ihn didaktisch legitimiert. Dass an diesem Gedankengang nahezu alles falsch ist, wird an anderer Stelle ausführlich begründet (vgl. Krommer 2019b).

Der Werkzeug-Medienbegriff mag für die Planung einer Schulstunde gerade noch brauchbar sein. Wenn man die Auswirkungen der Digitalisierung auf das Bildungssystem beleuchten möchte, bleibt die Werkzeug-Perspektive jedoch blind für den wesentlichen Aspekt: die Tatsache, dass Medien keine neutralen Kanäle, sondern prägende Formen sind, die maßgeblichen Einfluss auf Kultur und Gesellschaft nehmen.

Ein wirkmächtiger Medienbegriff, der diesem Umstand angemessen Rechnung trägt, stammt von Marshall McLuhan. Ihm gebührt das Verdienst, den „Übergang des Erkenntnisinteresses auf die Form von Medien" (Leschke 2003, S. 245) vollzogen und sentenzenhaft in einer einzigen These verdichtet zu haben. Die Rede geht vom berühmten Diktum „Das Medium ist die Botschaft". Die dahinterstehende Grundidee erläutert McLuhan in einem Interview folgendermaßen:

> You see, it doesn't much matter, what you say on the telephone. The telephone as a service is a huge environment. And that is the medium. And the environment affects everybody. What you say on the telephone affects very few. And the same with radio or any other medium. What you print is nothing compared to the effect of the printed word. The printed word sets up a paradigm, a structure of awareness, which affects everybody in very drastic ways. (McLuhan 1977).

Wie Medien als Paradigmen wirken und wie sich die McLuhan- von der Shannon/Weaver-Perspektive unterscheidet, kann am Beispiel des Übergangs von der Festnetz- zur Mobiltelefonie illustriert werden: Für die Anhänger des Werkzeug-Medienbegriffs wird hier nach dem Motto „Telefonieren bleibt Telefonieren!" nur ein technisches Gerät ausgewechselt, während mit McLuhan beschrieben werden kann, in welcher Weise die nomadische Smartphone-Kommunikation unsere Gesellschaft verändert hat.

Das beginnt bereits mit dem Begrüßungsritual: Am Festnetz ist es üblich, sich mit seinem Namen zu melden. Denn der Anrufer weiß, wo (= in welchem Haushalt) das Festnetztelefon steht, kann sich aber nicht sicher sein, wer in diesem Haushalt den Hörer abheben wird. Die Handy-Telefonie stellt diese Verhältnisse auf den Kopf: Nun weiß man genau, wen man anruft, nicht aber, wo sich der Angerufene befindet. Das Begrüßungsritual des Mobilfunks beginnt daher (in der Regel) mit einer Ortsangabe („Du, ich bin gerade im Zug…") und nicht mehr mit der Identifikation des Angerufenen (vgl. Freyermuth 2002, S. 75). Solche Beispiele, die zeigen, wie die Mobiltelefonie unsere Kommunikationsformen und damit Teile der Gesellschaft verändert hat, lassen sich in ihrer Bedeutung beliebig skalieren.

Die Rede von Medien als Paradigmen lässt sich besser verstehen, wenn man den wissenschaftstheoretischen Ursprüngen des Ausdrucks nachspürt.

Der Begriff besitzt in Thomas Samuel Kuhns Klassiker „The Structure of Scientific Revolutions" (2., erweiterte Auflage 1970) eine zentrale Funktion. Kuhn untersucht in dem Buch aus historischer Sicht, wie sich epochale Umbrüche im Bereich der Naturwissenschaften vollziehen. Eine seiner zentralen Einsichten besteht darin, dass die Common-Sense-Vorstellung vom Funktionieren wissenschaftlichen Fortschritts falsch bzw. in wesentlichen Aspekten unangemessen ist. Denn man könnte annehmen, dass die Entwicklung der Wissenschaft ein kumulativer Prozess ist, der streng rational abläuft und in dessen Verlauf wir Schritt für Schritt auf der Grundlage vernünftiger Prinzipien unsere Kenntnisse über die Natur erweitern. Kuhns philosophische Analyse zeigt hingegen, dass wissenschaftlicher Fortschritt kein stetiger Prozess kontinuierlicher Wissenserweiterung ist und dass es – bemerkenswerterweise – in bestimmten Phasen sehr viel weniger rational zugeht, als man gemeinhin annimmt.

Als Paradigma bezeichnet er ein etabliertes Theoriegebäude, das die anerkannten Probleme und Methoden eines Forschungsgebietes bestimmt. Paradigmen legen fest, welche Fragen sinnvollerweise gestellt werden können, welche Methoden erlaubt sind, um diese Fragen zu untersuchen, und welche Antworten als akzeptabel gelten. Wer beispielsweise glaubt, dass die Erde den Mittelpunkt des Universums darstellt, sieht andere Phänomene, stellt andere Fragen und akzeptiert andere Erklärungen als ein Anhänger des heliozentrischen Weltbildes. Jenseits dieser abstrakt-theoretischen Ebene manifestieren sich Paradigmen auch ganz konkret und alltäglich in den gängigen Lehrbüchern. Schüler(innen) und Studierende werden dadurch paradigmatisch sozialisiert: „By studying them and by practicing with them, the members of the corresponding community learn their trade." (Kuhn 1970, S. 43).

Anders ausgedrückt: Wir werden – ob wir es wollen oder nicht – im Laufe unserer Ausbildung in das gerade herrschende Paradigma eingeführt, das fortan unser (natur-)wissenschaftliches Denken und Handeln bestimmt und an dessen Grundlagen wir nur in sehr seltenen Fällen zweifeln (vgl. Kuhn 1970, S. 80).

Dass ein Paradigma erfolgreich ist, bedeutet nicht, dass es alle relevanten Aspekte der untersuchten Wirklichkeit hinreichend genau erklärt. So stimmten z. B. die Voraussagen des Ptolemäischen Systems im Hinblick auf die

Planetenpositionen niemals exakt mit den verfügbaren Beobachtungsdaten überein. Das führte jedoch nicht dazu, dass man die Theorie aufgab. Kuhn weist explizit darauf hin, dass wissenschaftliche Entwicklung nicht dem Pfad simpler Falsifikation folgt:

> No process yet disclosed by the historical study of scientific development at all resembles the methodological stereotype of falsification by direct comparison with nature. (Kuhn 1970, S. 77).

Ein Teil der wissenschaftlichen Arbeit besteht vielmehr darin, Diskrepanzen zwischen dem Paradigma und den Beobachtungsdaten zu minimieren, indem die Theorie angepasst wird. Zu diesem Zweck kann man unter anderem Ausnahmen formulieren, Zusatzannahmen machen, die Existenz neuer Phänomene annehmen oder aus dem Stegreif Hypothesen aufstellen. Das führt jedoch dazu, dass die Theorie immer komplexer wird. Wenn ein Paradigma durch ständige Korrekturen und Modifikationen ein Stadium erreicht hat, in dem seine Komplexität deutlich schneller zunimmt als seine Exaktheit, ist ein neuralgischer Punkt erreicht. Nicht umsonst gelten Einfachheit und ontologische Sparsamkeit als Kriterien für die Güte wissenschaftlicher Theorien (vgl. hierzu Chalmers 1999, 70 ff.). Wenn die Wucherungen der Theorie zu groß werden, gerät das Paradigma schließlich in eine Krise.

Aus der Retrospektive erscheinen die Versuche, Paradigmen zu retten, zuweilen als irrational. Paul Feyerabend (1976) hat das auf die Formel gebracht, dass Vernunft und Wissenschaft oft verschiedene Wege gehen. Der anscheinenden (und manchmal nur scheinbaren!) Irrationalität in der Phase der paradigmatischen Krise hat Brecht in seinem Schauspiel *Das Leben des Galilei* ein literarisches Denkmal gesetzt: Hier versucht Galilei, die Anhänger des Ptolemäischen Weltbildes davon zu überzeugen, dass die erklärende Kraft des heliozentrischen Weltbilds dem geozentrischen überlegen ist.

Doch anstatt durch das von Galilei mitgebrachte Fernrohr zu schauen und Beobachtungen zu machen, die für die neue Theorie sprechen, wünschen sich die Vertreter des herrschenden Paradigmas einen rein formalen Disput (vgl. Brecht 1938/1939, S. 45), zweifeln an der Verlässlichkeit des Fernrohrs (vgl. Brecht 1938/1939, S. 46), verweisen auf die Lehrbücher, die gegen Kopernikus sprechen, und berufen sich auf die Autorität des Aristoteles, um ihre Position zu stärken (vgl. Brecht 1938/1939, S. 48).

Kurz: Sie zeigen das typische Verhalten von Wissenschaftlern in der Phase der Krise. (Für eine historische Einordnung des Disputs zwischen der Kirche und Galilei, die zeigt, dass die Vernunft nicht so eindeutig auf der Seite Galileis war, wie es auf den ersten Blick scheint, vgl. Feyerabend 1976, Kap. 13–15).

Die Bedeutung dieser Krise liegt darin, dass sie Hinweise darauf gibt, wann es nicht mehr möglich ist, die akzeptierten wissenschaftlichen Rätsel zu lösen. Krisen weichen die (methodischen) Regeln des bestehenden Paradigmas auf und es gibt drei Möglichkeiten, wie sie enden können: Das alte Paradigma kann die Oberhand behalten, die unlösbaren Probleme können für zukünftige Generationen archiviert werden oder es taucht ein neues Paradigma auf, das für Wissenschaftler attraktiv genug ist, um akzeptiert zu werden. Dann kommt es zu einem Paradigmenwechsel, wie zum Beispiel im Fall des Übergangs vom geozentrischen Weltbild des Ptolemäus zum heliozentrischen Weltbild des Kopernikus.

Wenn man – mit McLuhan – Medien als Paradigmen begreift und ein Paradigma in Anlehnung an Kuhn als eine Art Rahmen versteht, der Denken und Handeln maßgeblich bestimmt, dann müsste sich zeigen lassen, wie die kulturhistorisch einflussreichsten medialen Paradigmen jeweils Kultur und Gesellschaft geprägt haben. Das soll im Folgenden exemplarisch belegt werden, indem – schlaglichtartig und verkürzt – nachgezeichnet wird, wie die Paradigmen der Oralität, der Skriptografie, der Typografie und der Digitalität zentrale Konzepte wie Wissen und Lernen prägten und prägen.

2 Oralität

Vor der Erfindung der Schrift lebten die Menschen in einer Phase primärer Oralität, in der es nicht einmal eine Ahnung von der Möglichkeit des Schreibens gab: Die menschliche Stimme war das Leitmedium, das die präliterale Gesellschaft und Kultur in vielerlei Hinsicht bestimmte.

Das wird am Beispiel des Konzepts, der Struktur und der Weitergabe des Wissens besonders deutlich. Ein zentraler Grundsatz oraler Kulturen lautet: „Du weißt nur, was du im Gedächtnis trägst." Und wenn es keine Möglichkeit gibt, Wissen in schriftlicher Form – und damit außerhalb des Gedächtnisses – zu speichern, müssen Techniken entwickelt werden, Wissen so zu strukturieren, dass es im Prozess der mündlichen Vermittlung möglichst gut und schnell auswendig gelernt werden kann. Walter Ong (1982, S. 32) zählt einige dieser Mnemo-Techniken auf:

> Die Gedanken müssen in der Form von tief rhythmischen ausgewogenen Mustern entstehen, als Wiederholung oder Antithese, Alliterationen und Assonanzen, Epithetons oder in Form von anderen formelhaften Ausdrücken, eingebunden in standardisierte thematische Anordnungen (die Versammlung, das Mahl, der Zweikampf, der Gehilfe des Helden usw.), in Gestalt von Sprichwörtern, die jeder kennt und deswegen rasch erinnert, oder anderer mnemonischer Systeme.

Die Mündlichkeit als Medium der Speicherung und Weitergabe von Wissen formt dessen Struktur und Inhalte. Das Denken muss sich in mnemonischen Mustern vollziehen, reproduzierbares Wissen ist ohne Mnemotechnik buchstäblich (!) undenkbar:

> In einer oralen Kultur wäre es Zeitverschwendung, wenn man etwas in nicht-formularischen, nicht-mnemonischen Begriffen durchdenken würde. Denn diese Überlegungen könnten niemals so effektiv wiederholt werden, wie dies mithilfe der Schrift möglich ist. Sie wären, wie komplex auch immer, kein bleibendes Wissen, sondern flüchtig-einmalige Gedanken.

Merksprüche wie „333 bei Issos Keilerei", Eselsbrücken und andere sprachliche Mittel, die dabei helfen, etwas auswendig zu lernen, sind aktuelle Anwendungen dieser Technik, die jedes Schulkind kennt. Aber auch Formen der Narration werden durch die Mündlichkeit in spezifischer Weise geprägt. Exemplarisch sei hier auf die Entdeckung Milman Parrys verwiesen, dass die charakteristischen Merkmale der Dichtung Homers der Ökonomie geschuldet sind, „die ihr von den oralen Kompositionsmethoden aufgezwungen wird." (Ong 1982, S. 19). Kurz: Wie (und was) man denkt, lernt, lehrt und erzählt, wird durch das Paradigma der Oralität konfiguriert.

3 Skriptografie

Die Schrift entwickelte sich zunächst überall dort, wo Menschen in hinreichend komplexe Formen des Austauschs miteinander traten und relevante Informationen über einen längeren Zeitraum und entkoppelt von den Trägern dieser Informationen verfügbar gehalten werden mussten. Typischerweise war das im Bereich der Verwaltung der Fall, die mit dem Städtebau der Hochkulturen etwa ab dem 3. Jahrtausend notwendig wurde. Nicht kunstvolle Dichtung, sondern nüchterne Datenverarbeitung steht also am Beginn des Siegeszuges dieses neuen Mediums.

Im Gegensatz zum Sprach- ist der Schrifterwerb kein Teil der natürlichen Entwicklung des Menschen. Schreiben lernt man nicht automatisch oder nebenbei. Es bedarf einer gezielten Einweisung in die neue Kulturtechnik. Während Lernen in den oralen Kulturen recht unsystematisch und in authentische Handlungszusammenhänge eingebettet war, erfordert das Erlernen der Schrift nun eine systematische Unterweisung, die sich nicht mehr in den alltäglichen Lebenszusammenhängen vollzieht. Man lernt nicht mehr, indem man während der Arbeit dem Meister über die Schulter schaut. Lernen wird zu einer eigenständigen, institutionell organisierten Tätigkeit (vgl. Fichtner 2008, S. 142–143).

Die Schrift ist weitaus mehr als eine Kulturtechnik. Sie ist – mit Fichtner (2008, S. 135) gesprochen – „eine besondere Wissensform, die die Kommunikation, das System der Aufbewahrung und Weitergabe von Wissen, aber auch die Beziehungen des Denkens zur Wirklichkeit grundlegend verwandelt hat." Während die Mündlichkeit an unmittelbare Kommunikation in einem für Sprecher(in) und Hörer(in) gemeinsam zugänglichen Kontext gebunden ist, erlaubt die Schrift eine von räumlicher und zeitlicher Präsenz unabhängige Kommunikation.

Schrift macht lebendige Sprache zu statischem Text, dem man als Objekt distanziert gegenübertreten kann. Das Medium der Schrift zwingt dazu, die im Vergleich zur Oralität fehlenden Kontexte durch größere Genauigkeit des Ausdrucks zu kompensieren. Abstrakte Konzepte wie die Definition oder der Beweis, die durch ihre Loslösung von konkreten Situationen und Problemen gekennzeichnet sind (vgl. Fichtner 2008, S. 149), wären ohne Schrift, die das Wissen selbst zu einem Objekt der Analyse macht, nicht denkbar.

Einen nicht zu unterschätzenden Gegenpol zu dieser sprachlichen Exaktheit bildete die Fehleranfälligkeit des handschriftlichen Kopierens, auf die Eisenstein (2005, S. 219) hingewiesen hat: „Classical authors had warned against trusting hand-copied books and especially hand copied pictures for the excellent reason that they generated over time." Hinzu kam die geringe Verbreitung handschriftlich kopierter Bücher, mit denen man keine Öffentlichkeit im modernen Sinn des Wortes erreichen konnte. Von einem kollektiven Gedächtnis kann man daher im Paradigma der Handschrift nicht sprechen (vgl. Eisenstein 2005, S. 221). Dennoch bleibt festzuhalten, dass das Konzept des Wissens einen völlig neuen Aggregatzustand annahm (vgl. Fichtner 2008, S. 148).

4 Typografie

Wie sehr der Buchdruck seit dem 15. Jahrhundert unser Konzept des Wissens und damit auch des Lernens geprägt hat, lässt sich anhand der Entwicklung des Buches zum „konkurrenzlosen Medium der reinen Sprachlichkeit" (Lobin 2018, S. 34) verdeutlichen: Gutenbergs Erfindung war besonders gut darin, Geschriebenes schnell und präzise zu reproduzieren. Gezeichnetes, Gemaltes, farbige Bilder oder bunte Grafiken ließen sich hingegen nicht so leicht vervielfältigen.

Die druckmaschinelle Massenfertigung zeigte daher – zumindest in den Anfängen – eine starke Tendenz zur Monomedialität, die die jahrhundertealte Tradition der symmedialen Einheit von textlicher und bildlicher Ebene durchbrach. Das zeigt sich exemplarisch und besonders deutlich, wenn man die schwarz-weißen Seiten der Gutenberg-Bibel mit den bunten Text-Bild-Kombinationen aufwendiger Handschriften vergleicht (vgl. hierzu Frederking et al. 2018, S. 35–36 und Giesecke 2002, S. 64–66).

An dieser Stelle sei an Eisenstein (2005, S. 218–221) erinnert, die herausgearbeitet hat, wie schwierig und langwierig es war, insbesondere in naturwissenschaftlichen Büchern die Unzulänglichkeiten sprachlicher Beschreibungen durch exakte Abbildungen zu kompensieren. Bedingt durch die technischen Beschränkungen der Druckerpresse entwickelte sich daher die schwarz-weiße Buchseite in ihrer radikalen Monomedialität als Blaupause für die Repräsentation, Standardisierung und Klassifikation von Wissen – der Text, den Sie gerade lesen, bestätigt übrigens diese These. Das gedruckte Buch führt zu neuen Methoden, Wissen zu organisieren:

> Die strenge Linearität, der sequenzielle Charakter der Satz-für-Satz-Darstellung, die Einteilung in Abschnitte, die Vereinheitlichung der Orthographie und Grammatik können in gewisser Weise auch als Methode zur Organisation des Denkens selbst verstanden werden. Das gedruckte Buch […] hat sicher entscheidend dazu beigetragen, Denkgewohnheiten und Bewusstseinsstrukturen herauszubilden, die der Struktur der Typographie eng verwandt sind. (Fichtner 2008, S. 164).

Weinberger (2011, S. 45) bringt diese Zusammenhänge auf eine einfache Formel: „Traditional knowledge has been an accident of paper."

5   Digitalität

Der Begriff „Digitalität" wird hier im Anschluss an Stalder (2016) verwendet, der das Konzept durch drei wesentliche Bestandteile charakterisiert.

Zunächst entstehen neue Formen der Referenzialität. Gemeint ist, dass sich immer mehr Menschen an kulturellen Prozessen beteiligen und eigene Gefüge bedeutungsvoller Bezüge herstellen (müssen). Das ist ein Resultat der Erosion etablierter Ordnungsstrukturen: Lektoren, Verlage, Redakteure u. a. hatten die gesellschaftliche Aufgabe, als Gatekeeper darauf zu achten, dass Wesentliches von Unwesentlichem, Wahres von Falschem und Relevantes von Irrelevantem getrennt wurde, *bevor* die jeweiligen Informationen publiziert wurden. Der Grundsatz lautete, dass zunächst gefiltert und dann veröffentlicht wird.

Der Gewinn an Übersichtlichkeit wurde allerdings dadurch erkauft, dass viele Menschen sich nicht in der gewünschten Weise aktiv und produktiv an kulturellen Prozessen beteiligen konnten. Mit dem Internet hat sich das radikal verändert. Nun ist potenziell jede(r) Rezipient(in) auch Produzent(in) eigener Inhalte, die in einem Blog, über einen Selfpublishing-Verlag, eine soziale Plattform etc. veröffentlicht werden können, ohne dass ein strenger Türhüter passiert werden muss. „The Internet is what you get when everyone is a curator and everything is linked." (Weinberger 2011, S. 45).

Wenn jede(r) zum vernetzten Sender bzw. zur Senderin wird, entsteht Unordnung. Und dieser Unordnung kann nur noch durch *nachträgliches* Auswählen und Filtern begegnet werden. Wir sind gezwungen, unsere Filter so zu justieren, dass sich ein für uns sinnvolles Gefüge von Bezügen ergibt, wir müssen das kulturelle Chaos stets neu ordnen und dadurch Orientierung schaffen. „Referentialität ist heute ein Grundmuster der Sinngebung, im privaten wie im öffentlichen Raum." (Stalder 2018, S. 11).

Sich als isoliertes Individuum im Durcheinander der digitalen „Informationsflut 2.0" (Stalder 2018, S. 105) zurechtzufinden, ist unmöglich. Charakteristisch für die Kultur der Digitalität ist daher das Prinzip der Gemeinschaftlichkeit, das sich exemplarisch in sozialen Netzwerken zeigt. Diese Gemeinschaften können den Menschen helfen, „sich in einer unübersichtlich und sehr widersprüchlichen gewordenen Welt mal besser, mal schlechter zu orientieren." (Stalder 2018, S. 13). Im Fluss ständiger Kommunikation und Verteilung von Aufmerksamkeit wird der Versuch gemacht, „die eigene, singuläre Identität zu etablieren", die nicht mehr essentialistisch, sondern performativ verstanden wird: Sein heißt online sein (=zu kommunizieren).

Neben *Referenzialität* und *Gemeinschaftlichkeit* ist *Algorithmizität* ein drittes Kennzeichen der Digitalität. Wir sind auf Algorithmen angewiesen, um uns in der neuen Unübersichtlichkeit zurechtzufinden. Individuelle und gemeinschaftliche Formen der Referenzialität sind nicht hinreichend, um uns Orientierung zu bieten. Gleichzeitig sind Algorithmen an der Konstruktion genau der Komplexität beteiligt, die wir nur mit ihrer Hilfe (mehr oder weniger) beherrschen können.

Bridle (2018) spricht in diesem Kontext von einem „New Dark Age", weil wir nicht mehr nachvollziehen können, wie Algorithmen ihre „Entscheidungen" treffen: Google teilt uns mit, wohin uns die nächste Zugreise wahrscheinlich führt, oder welche Website uns interessiert, macht aber die Grundlagen und das Zustandekommen dieser Voraussage nicht transparent. „For everything that is shown, something is hidden." (Bridle 2018, S. 36).

Diese grobe Skizze lässt bereits erkennen, in welcher Weise sich das Konzept des Wissens unter den Bedingungen der Digitalität wandelt. So hat das Wegfallen institutionalisierter Filter, deren Aufgabe darin bestand, die Menge des Wissenswerten zu reduzieren, unmittelbare Folgen:

> Rather than knowing-by-reducing to what fits in a library or a scientific journal, we are now knowing-by-including every draft of every idea in vast, loosely connected webs. (Weinberger 2011, S. 5).

Außerdem verändern sich in diesem System vernetzter Fakten die „stopping points" (Weinberger 2011, S. 21). Gemeint sind die Punkte, an denen man eine Recherche legitimerweise beenden kann. Sie sind notwendig, weil wir es uns nicht leisten können, jedes Faktum bis zu seinen Ursprüngen zurückzuverfolgen. Lexika sind beispielsweise wichtige und vertrauenswürdige *stopping points* der Buchkultur: Wer 1983 die Einwohnerzahl einer Großstadt ermitteln wollte, konnte den Brockhaus aufschlagen, fand dort eine in der Regel nicht mehr ganz aktuelle Zahl und tat dennoch gut daran, die Suche zu beenden.

2019 sucht man online und findet bei der Wikipedia die gesuchte Einwohnerzahl – allerdings eingebunden in ein Netz von Hyperlinks, in dem weiterführende Informationen nur einen Klick entfernt sind. Wo *stopping points* gesetzt werden sollten, wird nicht mehr durch institutionalisierte Filtermechanismen bestimmt. Das verändert das Konzept des Wissens als System von *stopping points* fundamental und es verändert die Kompetenzen, die wir benötigen, um Wissen zu erwerben (vgl. Krommer 2014).

Wie sich die Struktur, die Speicherung und der Zugriff auf Informationen unter den Bedingungen der Digitalität verändert, kann am Konzept der Metadaten erläutert werden. Wenn man Bücher als materielle Objekte – z. B. in einer Bibliothek – in eine Ordnung bringen will, muss man sich für genau einen Ort entscheiden, an dem ein Buch platziert wird. Ein und dasselbe Buch kann nicht in zwei Regalen gleichzeitig stehen: „[T]hings made of atoms can be in only one spot at a time." (Weinberger 2007, S. 19) Wenn die Bibliothek nach Autorennamen sortiert wird, ist sie – merkwürdige Zufälle ausgeschlossen – nicht gleichzeitig nach Gattungen oder nach Erscheinungsjahr geordnet.

Um neben der physischen Anordnung der Bücher, die sich z. B. alphabetisch am Namen des Autors orientiert, noch weitere Ordnungssysteme zu schaffen, könnte man für jedes Buch mehrere Karteikarten anlegen, auf denen Informationen über die Bücher zu finden sind und die man dann nach unterschiedlichen Kriterien sortiert. So entsteht ein System von Metadaten, d. h. von Daten (z. B. Erscheinungsjahr, Name des Autors, Entstehungsjahr etc.) über Daten (=die Eigenschaften der Bücher). Unter analogen Bedingungen sind die Metadaten stets weniger komplex als die Daten, auf die sie sich beziehen. Eine Karteikarte über ein gedrucktes Buch enthält weniger Informationen als das Buch selbst.

Das ändert sich, wenn Bücher digital vorliegen. Nun können im Prinzip alle Daten gleichzeitig auch zu Metadaten werden. So genügt z. B. die Eingabe eines bestimmten Begriffs in eine Suchmaske, um Bücher zu finden, in denen dieser Begriff auftaucht. Man muss nicht hoffen, dass jemand eine Karteikarte mit dem entsprechenden Schlagwort angelegt hat. In den Worten Weinbergers (2007, S. 104): „[T]he only distinction between metadata and data is that metadata is what you already know and data is what you're trying to find out."

Wie wirkmächtig das Paradigma der Typografie ist, kann man an der typischen Struktur einer Festplatte ablesen. Hier werden Dateien implizit so behandelt wie materielle Bücher, die man in sorgfältig beschriftete Regale einsortiert. Die Festplatten-Regale haben Bezeichnungen wie *c:\Uni\WS-2019\Hauptseminare\ Deutsch\Fontane* und die Festplatten-Bücher, die darin aufbewahrt werden, bekommen möglichst sprechende Namen (z. B. *Effi-Briest-Interpretation.docx*). Anders gesagt: Es wird viel Arbeit darin investiert, Ordner- und Dateinamen zu Metadaten mit Orientierungsfunktion zu machen. So wie man in einer Bibliothek gezielt durch die Regale navigiert, um ein Buch zu finden, gleicht jeder Mausklick durch die Struktur der Festplatte einem Schritt auf dem Weg zum Auffinden der gesuchten Datei.

Wenn unter Bedingungen der Digitalität der Unterschied zwischen Daten und Metadaten nivelliert wird, sind jedoch vollkommen andere Formen zur Strukturierung einer Festplatte denkbar. Statt aufwändig eine statische Ordnerstruktur aufzubauen, kann man z. B. durch die Vergabe von Schlagworten („Tags") bei der Speicherung einer Datei individuelle Metadaten erzeugen und Materialien nach den gewünschten Eigenschaften durchsuchbar und auffindbar machen.

Unter Bedingungen der Digitalität ähnelt die Struktur des Wissens nicht mehr einer wohlgeordneten Bibliothek, sondern eher einem Amazon-Warenlager: Hier werden die Artikel nicht – wie Bücher – nach bestimmten Kriterien (Produktkategorie, Größe etc.) sortiert, sondern – wie digitale Dateien – einfach abgelegt und über Metadaten auffindbar gemacht.

Die Ordnung im Amazon-Lager ist nur noch für den Algorithmus sichtbar, nicht mehr für den Menschen.

6 Paradigmenwechsel

Der kultur- und mediengeschichtliche Parforceritt hat vor allem eines gezeigt: Die mediale Rahmung einer Gesellschaft und Kultur hat erhebliche Auswirkungen auf Konzepte wie Wissen und Lernen und damit auch auf Vorstellungen davon, wie es wäre, gebildet zu sein (vgl. Bieri 2017).

Wenn Medien als Paradigmen begriffen werden, lassen sich auch die zum Teil irrationalen Beharrungstendenzen erklären, die für krisenhafte Phasen des Übergangs typisch sind: Ebenso wenig wie in der Naturwissenschaft gibt man auch im gesellschaftlich-kulturellen Kontext die bewährten, fast schon selbstverständlich erscheinenden, sinnstiftenden, Erklärungen und Sicherheit bietenden Paradigmen auf.

Wenn sich Diskrepanzen zwischen Paradigma und Welt zeigen, versucht man vielmehr, solange es möglich ist, an den alten Strukturen festzuhalten. Die metaphorische Rede vom Bildungssystem als einem schwerfälligen Tanker, dessen Kurs sich nur mühsam ändern lässt, bezieht sich auf diese Beharrungstendenzen.

Die strukturkonservative Abwehrhaltung, die für Paradigmen kennzeichnend ist, manifestiert sich im Bereich der Medien u. a. in vielfältigen Formen des bewahrpädagogischen Kulturpessimismus'. Am bekanntesten (und umstrittensten) sind wohl die Argumente wider die Handschrift, die Sokrates durch Platon im *Phaidros* (St. 275) in den Mund gelegt werden: Das neue Medium werde

> [...] Vergessenheit schaffen in den Seelen derer, die sie erlernen, aus Achtlosigkeit gegen das Gedächtnis, da die Leute im Vertrauen auf das Gedächtnis, da die Leute im Vertrauen auf das Schriftstück von außen sich werden erinnern lassen durch fremde Zeichen, nicht von innen heraus durch Selbstbesinnen.

Die Schrift – so lautet Sokrates' Fazit – werde uns alle zu „Dünkelweisen und nicht zu Weisen" machen. Diese Reaktion ist aus der Sicht der Kultur der Oralität verständlich, denn die Skriptografie bedroht bewährte Formen des Lehrens, Lernens und Wissens. Da es falsch wäre, das alte Paradigma zu früh aufzugeben, nutzt man konservative Strategien, zu denen die Warnung vor drohenden Gefahren ebenso gehört wie der Hinweis auf den fehlenden Mehrwert des Neuen. In der Retrospektive wird aber erkennbar, dass man den Wert der Handschrift aus der Perspektive der Oralität gar nicht ermessen kann. Und nur dadurch, dass Platon die Argumente wider die Schrift aufgeschrieben hat, sind sie uns heute noch zugänglich.

In ähnlicher Weise wie aus der Perspektive der Mündlichkeit die Handschrift als Bedrohung wahrgenommen wurde, wirkte der Buchdruck als Gefahr für das Paradigma der Skriptografie. Das erläutert Michael Giesecke (1998) am Beispiel der Einführung des gedruckten Schulbuchs gegen Ende des 15. Jahrhunderts, das die typische Lehr- und Lernsituation des Mittelalters radikal veränderte.

Im Paradigma der Skriptografie war der Lehrer, der sich auf eigenhändige Ab- und Mitschriften stützte, im Unterricht das einzige Informationsmedium und die einzige Autorität. Die Aufgabe der Schüler bestand darin, dem Vortrag des Lehrers zu lauschen und selbst Mitschriften anzufertigen. Durch die Einführung des Schulbuchs in Gestalt der „Ars minor", einer lateinischen Grammatik von Aelius Donatus, holt sich „der Lehrer ein neues, fremdes Programm in seinen Kurs [...]. Es tritt in Konkurrenz mit den bislang üblichen Instruktionsformen." (Giesecke 1998, S. 218) Plötzlich ist der Lehrer nicht mehr die einzige Quelle des Wissens. Die Schüler beginnen,

> die Aussagen des Lehrers an den Informationen zu messen, die das neue typographische System ausgibt. [...] Verglichen mit den mittelalterlichen Lehr- und Lerntraditionen mußte jeder gedruckte Donat [= die *Ars minor*, A.K.] in der Hand des Schülers als Fremdkörper erscheinen, der die Autorität des Lehrers relativiert und zu einer Neubestimmung derselben nötigt. (Giesecke 1998, S. 219).

Auch die grundlegende Struktur des Unterrichts verändert sich. Schüler können nun bereits zu Hause das neue Medium nutzen, um sich Inhalte anzueignen. Das eröffnet in der konkreten Lehr-Lernsituation z. B. Freiräume für Diskussionen und Erläuterungen, die es zuvor nicht gab.

Am Rande bemerkt
Das neuzeitliche Lehr-Lernschema, das durch die Einführung des gedruckten Schulbuchs entstand, entspricht exakt der Grundstruktur des Flipped Classrooms (vgl. z. B. Buchner und Schmid 2019), der häufig als Revolution des Lernens mit digitalen Medien angepriesen wird. Und das mittelalterliche Schema ist ein Abbild des Frontalunterrichts, den die „Flipper" auf den Kopf stellen wollen. Das innovative Potenzial des Flipped Classrooms relativiert sich jedoch stark, wenn man erkennt, dass hier ein knapp 600 Jahre altes Strukturprinzip nur leicht variiert wird.

Aktuell befinden wir uns erneut in einer Phase des Leitmedientransfers (vgl. Brandhofer 2016). Das Paradigma der Typografie wird durch das Paradigma der Digitalität abgelöst. Und wieder zeigen sich charakteristische Beharrungstendenzen, die den oben skizzierten historischen Mustern folgen.

Die einseitig-alarmistische Kritik an digitalen Medien, die uns scheinbar verdummen lassen (vgl. Spitzer 2012), ist eine moderne Variante der Befürchtung, dass wir durch die Handschrift zu „Dünkelweisen" degenerieren. Die Ängste, dass die „Ars minor" die Autorität des Lehrers untergräbt, weil Schüler eigene Informationsquellen unkontrolliert nutzen können, spiegelt sich in aktuellen Smartphone-Verboten wider.

Wie vor mehr als einem halben Jahrtausend fürchtet man sich im Bildungssystem vor Autoritäts- und Kontrollverlust durch „neue" Medien und das herrschende Paradigma entfaltet seine ganze strukturkonservative Kraft: Störende Phänomene, die sich nicht problemlos integrieren lassen, werden ausgesperrt und ignoriert. So wie die Kirchenvertreter in Brechts „Leben des Galilei" nicht durch das Fernrohr schauen wollen, weil dadurch der etablierte Denkrahmen infrage gestellt wird, verschließt jede Smartphone-Verbots-Schule die Augen vor der Kultur der Digitalität.

Die Spannungen zwischen der Buch-Schule und der Digital-Welt werden in der aktuellen Krise auch an anderen Stellen sichtbar: So setzt die Schule in der Regel immer noch auf Prüfungsformate, die einseitig auf den Paradigmen der Oralität und Skriptografie beruhen und strikt auf das isolierte Individuum ausgerichtet sind. Im Abitur gibt es hand(!)-schriftliche Examina und mündliche Prüfungen, für die der Leitspruch „Du weißt nur, was Du im Gedächtnis trägst", gilt und in denen jeweils die Leistung eines einzelnen Menschen im Zentrum steht.

Die Beschränkung auf Mündlichkeit, Gedächtnis, Handschrift und das einzelne Individuum kann jedoch die Lernwirklichkeit der Kultur der Digitalität nicht angemessen repräsentieren. Hier knüpft man auf sozialen Plattformen wie Twitter persönliche Lern-Netzwerke, um von der Expertise anderer zu profitieren und die eigenen Kompetenzen anzubieten, hier ist das Internet ein selbstverständliches Mittel zur Kommunikation, zur Kollaboration und zur Recherche. Und hier steht nicht das einzelne Individuum im Mittelpunkt, sondern das Netzwerk selbst. In den Worten Weinbergers (2007, S. 45–46):

> [I]n a networked world, knowledge lives not in books or in heads but in the network itself. […] We still need to get maximum shared benefit from smart, knowledgeable individuals, but we do so by networking them.

Diese Aspekte der Kultur der Digitalität werden in der Schule nicht nur unzureichend gewürdigt, sondern im Extremfall sogar unter Strafe gestellt. Während Kommunikation, Kollaboration, Kreativität und kritisches Denken als Kernkompetenzen für das 21. Jahrhundert ausgerufen werden (vgl. Muuß-Merholz 2017), gilt es unter Abiturbedingungen als Form von Betrug, wenn man mit anderen spricht oder gar zusammenarbeitet. Perelman hat bereits 1992 auf diese Schieflage hingewiesen:

> Academia's way of accounting focuses on tests of individual performance in strict, austere isolation from cooperation with others or use of resources or tools outside the learner's head. The role of collaboration or technology in learning is placed in the category of cheating. This mythical and misguided vision is, fortunately, being eroded by a mass of social and cognitive science findings that there are limits to what can be learned alone, and that the most effective and useful learning is a shared enterprise. (Perelman 1992, S. 155–156).

Diese Beispiele mögen genügen, um schlaglichtartig zu beleuchten, woran man im Bereich der Bildung, der Schule und des Lernens erkennen kann, dass unterschiedliche mediale Paradigmen miteinander in Konflikt geraten. Abschließend soll vor diesem Hintergrund der Begriff „palliative Didaktik" erläutert werden, der Phänomene beschreibt, die für krisenhafte Phasen des Übergangs zwischen zwei Paradigmen typisch sind.

7 Palliative Didaktik

Der Ausdruck „palliative Didaktik" hat (mindestens) zwei Lesarten:

Die *starke Lesart* geht von der Diagnose aus, dass das Schulsystem, das sich in zentralen Aspekten an den Paradigmen der Oralität, Skriptografie und Typografie orientiert, im Rahmen einer Kultur der Digitalität in seiner Existenz bedroht ist und nicht mehr gerettet werden kann. Metaphorisch ausgedrückt: Das Gutenberg-Schulsystem ist unheilbar krank. Es wird den Paradigmenwechsel von der Typografie zur Digitalität nicht überleben. Die aktuellen Versuche, das alte Paradigma z. B. durch den Austausch der bislang verwendeten Werkzeuge zu stützen (hier ein Whiteboard statt der Tafel, dort Tablets statt Bücher), sind bei Lichte besehen palliativ-medizinische Maßnahmen, die das Leben der Gutenberg-Schule durch technische Apparate verlängern und den Paradigmenwechsel hinauszögern sollen.

Nach dieser Lesart hängt das Leben der Gutenberg-Schule maßgeblich am Tropf des Zertifizierungs-Monopols: Wer studieren will, muss Abitur machen.

Und das Abiturzeugnis stellt die Schule aus. Solange diese Zertifikate noch anerkannt werden, wird die Schule überleben. Schwindet der Glaube an die Schule, verschwindet sie als Institution.

Die Schule ist – ähnlich wie Geld – als Teil der sozialen Wirklichkeit abhängig von kollektiver Intentionalität (vgl. Searle 2010): Schulen sind nur Schulen, solange wir daran glauben, dass sie Schulen sind. Dass inzwischen viele Firmen auf eigene Assessment-Center und nicht auf Schulzeugnisse vertrauen, wenn Bewerber eingestellt werden sollen, ist ein untrügliches Zeichen dafür, dass der Glaube an die Schule aus dem alten Paradigma schwindet und das Ende der Institution naht.

Die *schwache Lesart* hat ihren Ausgangspunkt in der Bedeutung des lateinischen Verbs „palliare", das „ummanteln" bedeutet. Palliative Didaktik beschreibt dann die Ummantelung alter pädagogischer Prinzipien und lerntheoretischer Konzepte durch digitale Technik.

Nach beiden Lesarten gilt, dass digitale Technik nicht als selbstverständlicher Teil der Kultur der Digitalität begriffen wird, sondern primär als notdürftige Stütze des alten Paradigmas. Formulierungen wie „digital gestützter Unterricht" oder „digitale Medien als Hilfsmittel" sind zumeist ein guter Indikator für Strategien palliativer Didaktik.

Anstatt zeitgemäße, offene, kollaborative Formen des Lernens und Lehrens zu ermöglichen, werden Formen des traditionellen Unterrichts in ein digitales Mäntelchen gehüllt: Schlechter Frontalunterricht ist für Schüler(innen) plötzlich ubiquitär-mobil via YouTube verfügbar und die behavioristisch-fremdgesteuerte Trias aus Reiz, Reaktion und Rückmeldung (vgl. Kerres 2018, Abschn. 4.3.1) feiert in Gestalt von *Kahoot, LearningApps* und *Learning Snacks* palliative Urständ.

An den den *Automatic Teacher* von Sidney Pressey (1926) und B.F. Skinners *Teaching Machine* (1954) sind sie lerntheoretisch nahtlos anschlussfähig (vgl. hierzu auch Watters 2015 und Skinner 1968).

Dass neue Paradigmen ihre Potenziale im Hinblick auf die Entwicklung von Schule und Unterricht nicht sofort entfalten können, ist historisch gesehen kein neues Phänomen. Fichtner weist z. B. darauf hin, dass nach dem Übergang von der Oralität zur Skriptografie die erwartbaren Veränderungen innerhalb des Bildungssystems zunächst ausblieben:

> Obwohl man spätestens seit der griechischen Klassik von einer generellen Literalität ausgehen muss, zeigen sich nirgendwo Phänomene und Symptome, die Rückschlüsse auf eine grundlegende qualitative Veränderung des Lernens selbst zulassen. […] Lesen und Schreiben sind ausschließlich Hilfsmittel zur Ausbildung von mündlichen Kompetenzen, zur Übung des Gedächtnisses, zur Orientierung des Lernens auf Reproduktion und Nachahmung. […] Die Zähigkeit, mit der besonders Athen an dieser Erziehung insgesamt festgehalten hat, ist bis weit in das 4. Jahrhundert hinein symptomatisch. (Fichtner 2008, S. 151).

Es steht zu hoffen, dass wir beim Übergang von der Typografie zur Digitalität nicht wieder Jahrhunderte warten müssen, bis das Bildungssystem den Mantel des alten Paradigmas abwirft und sich grundlegend wandelt.

Literatur

Brandhofer, Gerhard. 2016. Leitmedientransformation – oder: das geht nicht wieder weg. www.brandhofer.cc/leitmedientransformation. Zugegriffen: 01.07.2019.

Brecht, Bertolt. 1938/39, [53]1998. *Leben des Galilei*. Schauspiel. Frankfurt am Main: Suhrkamp (=edition suhrkamp 1).

Bridle, James. 2018. *New Dark Age. Technology and the End of the Future*. London: Verso.

Buchner, Josef, und Schmid, Stefan. 2019. *Flipped Classroom Austria: … und der Unterricht steht kopf!* Wien: ikon.

Chalmers, Alan F. [4]1999. *Wege der Wissenschaft. Einführung in die Wissenschaftstheorie*. Hrsg./Übers. Niels Bergemann und Jochen Prümper. Berlin: Springer.

Eisenstein, Elizabeth L. [2]2005. *The Printing Revolution in Early Modern Europe*. Cambridge: University Press.

Feyerabend, Paul. [7]1976. *Wider den Methodenzwang*. Frankfurt am Main: Suhrkamp 1999 (=stw 597).

Fichtner, Bernd. 2008. *Lernen und Lerntätigkeit. Ontogenetische, phylogenetische und epistemologische Studien*. Berlin: Lehmanns Media (=ICHS Band 24).

Frederking, Volker, Krommer, Axel, und Maiwald, Klaus. [3]2018. *Mediendidaktik Deutsch. Eine Einführung*. Berlin: Erich Schmidt.

Freyermuth, Gundolf S. 2002. *Kommunikette 2.0. E-Mail, Handy & Co. richtig einsetzen*. Hannover: Heinz Heise.

Giesecke, Michael. 1998. *Der Buchdruck in der frühen Neuzeit. Eine historische Fallstudie über die Durchsetzung neuer Informations- und Kommunikationstechnologien*. Frankfurt am Main: Suhrkamp (=stw 1357).

Giesecke, Michael. 2002. *Von den Mythen der Buchkultur zu den Visionen der Informationsgesellschaft. Trendforschungen zur kulturellen Medienökologie*. Frankfurt am Main: Suhrkamp (=stw 1543).

Kerres, Michael. [5]2018. *Mediendidaktik. Konzeption und Entwicklung digitaler Lernangebote*. Oldenbourg: de Gruyter.

KMK (Kultusministerkonferenz), Hrsg. 2016. Bildung in der digitalen Welt. Strategie der Kultusministerkonferenz. https://www.kmk.org/fileadmin/Dateien/pdf/PresseUndAktuelles/2017/Strategie_neu_2017_datum_1.pdf. Zugegriffen: 15.07.2020.

Krommer, Axel. 2014. Digitale Informations-, Kommunikations- und Kooperationsmedien im Deutschunterricht. In *Digitale Medien im Deutschunterricht*, Hrsg. V. Frederking, A. Krommer und K. Maiwald, 290–311. Baltmannsweiler: Schneider Verlag (= Deutschunterricht in Theorie und Praxis, Band VIII).

Krommer, Axel (2019a): Wie ein Common-Sense-Medienbegriff zu pädagogischen Fehlschlüssen führt. In *Routenplaner #DigitaleBildung. Auf dem Weg zu zeitgemäßem Lernen. Eine Orientierungshilfe im digitalen Wandel*, Hrsg. A. Krommer, D. Mihajlovic, J. Muuß-Merholz, M. Lindner und P. Wampfler, 123–130. Hamburg: ZLL21.

Krommer, Axel (2019b): Wider den Mehrwert! Argumente gegen einen überflüssigen Begriff. In *Routenplaner #DigitaleBildung. Auf dem Weg zu zeitgemäßem Lernen. Eine Orientierungshilfe im digitalen Wandel*, Hrsg. A. Krommer, D. Mihajlovic, J. Muuß-Merholz, M. Lindner und P. Wampfler, 131–140. Hamburg: ZLL21.

Kuhn, Thomas Samuel. 1970. *The Structure of Scientific Revolutions*. Second Edition, Enlarged. Chicago: University Press.

Leschke, Rainer. 2003. *Einführung in die Medientheorie*. München: Fink (= UTB 2386).

Lobin, Henning. 2018. *Digital und vernetzt. Das neue Bild der Sprache*. Stuttgart: Metzler.

McLuhan, Marshall. 1977. *The medium is the message. Part 1.* Monday Conference on ABC TV. 27.06.1977. https://youtu.be/jIGBhSAec7E. Zugegriffen: 15.07.2020.

Medienberatung NRW, Hrsg. [3]2020. Medienkompetenzrahmen NRW. Münster/Düsseldorf msk. https://medienkompetenzrahmen.nrw/fileadmin/pdf/LVR_ZMB_MKR_Broschuere.pdf. Zugegriffen: 15.07.2020.

Muuß-Merholz, Jöran. 2017. Die 4K-Skills: Was meint Kreativität, kritisches Denken, Kollaboration, Kommunikation. https://www.joeran.de/die-4k-skills-was-meint-kreativitaet-kritisches-denken-kollaboration-kommunikation/. Zugegriffen: 15.07.2020.

Ong, Walter. 1982. *Oralität und Literalität. Die Technologisierung des Wortes*. Mit einem Vorwort von Leif Kramp und Andreas Hepp. Übersetzt von Wolfgang Schömel. 2. Auflage. Wiesbaden: Springer 2016.

Perelman, Lewis J. 1992. *School's Out. Hyperlearning, the New Technology, and the End of Education*. New York: William Morrow.

Searle, John. 2010. *Making the Social World. The Structure of Human Civilization*. Oxford: University Press.

Shannon, Claude E., und Weaver, Warren. 1949/1972. *The Mathematical Theory of Communication*. Urbana, Chicago, London: University of Illinois Press.

Skinner, B.F. 1968/2003. *The technology of Teaching*. Kindle-Edition (ISBN 978-0-9964539-3-6 mobi).

Spitzer, Manfred. 2012. *Digitale Demenz. Wie wir uns und unsere Kinder um den Verstand bringen*. München: Droemer.

Stalder, Felix. 2016. *Kultur der Digitalität*. Frankfurt am Main: Suhrkamp (=edition suhrkamp 2679).

Stalder, Felix. 2018. Herausforderungen der Digitalität jenseits der Technologie. *Synergie. Fachmagazin für Digitalisierung in der Lehre* #05: 8–15. https://www.synergie.uni-hamburg.de/de/media/ausgabe05/synergie05-beitrag01-stalder.pdf. Zugegriffen: 15.07.2020.

Watters, Audrey. 2015. The Automatic Teacher. https://hackeducation.com/2015/02/04/the-automatic-teacher. Zugegriffen: 15.07.2020.

Weinberger, David. 2007. *Everything is Miscellaneous. The Power of the New Digital Disorder*. New York: Holt.

Weinberger, David. 2011. *Too Big to Know*. New York: Basic Books.

Zierer, Klaus. ^{2}2018. *Lernen 4.0. Pädagogik vor Technik*. Baltmannsweiler: Schneider.

Grundschule und die Kultur der Digitalität

Uta Hauck-Thum

Zusammenfassung

Wenn Schule und Unterricht weiterhin auf einer stabilen „Vorstellung von Lernen als Weitergabe von bereits bestimmtem Wissen und Vermittlung bestehender Kultur, Bedeutung und Regeln an isolierte Individuen" (Allert, Asmussen und Richter 2017, S. 49) basiert, können sich Lehr- und Lernprozesse auch im Kontext von Digitalisierung nur an der Oberfläche verändern. Ein grundlegender Wandel gemäß der Kultur der Digitalität (Stalder 2016) setzt bei sämtlichen Akteuren die Bereitschaft voraus, Organisationsstrukturen, Unterrichtsgegenstände, Lehr- und Lernprozesse, Themen und Lernorte völlig neu zu denken und so umzugestalten, dass Kindern bereits in der Grundschule Bildungserfahrungen ermöglicht werden, die sie auf aktuelle Herausforderungen tatsächlich vorbereiten.

Schlüsselwörter

Grundschule · Lernkultur · Digitalität · Kulturalisierung · Lernort

1 Grundschule im Wandel

Die Grundschule, die als erste Schule für alle Kinder im Jahre 1919 eingerichtet wurde, hat sich in den vergangenen 100 Jahren aufgrund politischer, gesellschaftlicher und wissenschaftlicher Entwicklungen gewandelt. Veränderungen lassen

---

U. Hauck-Thum (✉)
Ludwig-Maximilians-Universität München, München, Deutschland
E-Mail: uta.hauck-thum@lmu.de

© Der/die Autor(en), exklusiv lizenziert durch Springer-Verlag GmbH, DE, ein Teil von Springer Nature 2021
U. Hauck-Thum und J. Noller (Hrsg.), *Was ist Digitalität?*, Digitalitätsforschung / Digitality Research, https://doi.org/10.1007/978-3-662-62989-5_6

sich sowohl auf der Oberflächenebene (Klassengröße, Arbeitsmittel, Koedukation, Feminisierung des Lehrerberufs etc.) als auch auf der strukturellen Ebene feststellen (Abschaffung der Prügelstrafe, Liberalisierung der Erziehungsnormen, positives Lernklima). Individuelle Entwicklungsunterschiede und Lernausgangslagen rückten im Rahmen der Förderung immer stärker in den Blick. Die von der Weimarer Grundschule angestrebte Selbsttätigkeit der Kinder wird heute ergänzt durch vielfältige Formen der Selbstbestimmung im Rahmen demokratischer Erziehung (vgl. Fölling-Albers 2019, S. 488).

Allerdings haben sich entscheidende Merkmale von Schule bis heute nicht geändert. Unterricht findet nach wie vor in Gebäuden und Räumen statt, die für diesen Zweck erbaut wurden und wird von Personen durchgeführt, die für das Lehren und Lernen in der Schule ausgebildet wurden. Zum Einsatz kommen eigens für das schulische Lernen entwickelte Lehr- und Lern-Materialien. Der Schultag ist fremdbestimmt, sowohl was Anwesenheit und Zeit in der Schule, die Auswahl bestimmter Inhalte, als auch die Art der Leistungsmessung angeht. Im Anschluss an vielfältige individuelle Fördermaßnahmen am Ende der vierten Klasse erfolgt bis heute eine Auslese der Kinder nach Leistung. Diese Merkmale kennzeichnen eine Kultur des Lehrens und Lernens, die über die Dauer der Zeit stabil geblieben ist (vgl. Fölling-Albers 2019, S. 488). Kultur wird als Geflecht von Gestaltungen sozialer Praktiken in einem bestimmten sozialen Raum in einer bestimmten historischen Zeit oder Epoche verstanden wird. Erkennbar sind Grundmuster (vgl. Kreckel 2006, S. 100; vgl. Huber 2009, S. 17) als Summe von Aushandlungsprozessen geteilter Bedeutung, die der Einigung auf gewisse Werturteile dienen und sich verdichten in bestimmten Praktiken, institutionellen Abläufen, Normen und Regeln (vgl. Stalder 2016, S. 16).

Die Kultur des Lehrens und Lernens weist in Deutschland seit dem 19. Jahrhundert wiederkehrende Muster wie Institutionalisierung, hierarchische Bildungskarrieren, Zertifizierungs- und Bewertungsstreben und eine differenzierte Professionalisierung des Lehrens auf (vgl. Kirchhöfer 2003, S. 248). Auch unter den veränderten Bedingungen einer digitalisierten Welt hat sich daran grundlegend nichts verändert. Digitalisierung erscheint im Bildungskontext aktuell nicht mehr als wählbare Option. Digitale Medien und Technologien kommen jedoch nach wie vor als Instrumente zum Einsatz, mit denen Räume ausgestattet werden, um bestehenden Unterricht besser zu machen – als Mittel für oder Gegenstand von Lern- und Bildungsprozessen (Dräger und Müller-Eiselt 2015).

So richten Grundschulen bis heute Computerräume mit festen Standrechnern ein, die im Schulalltag nur sporadisch genutzt werden, meist im Rahmen von Arbeitsgemeinschaften außerhalb der Unterrichtszeit. Auf eine spontane Nutzung während des Unterrichts wird von Lehrenden häufig verzichtet, da der Gang in den Computerraum, das Hochfahren der Geräte und die Eingabe der Passwörter der Kinder zusätzliche Zeit in Anspruch nehmen (vgl. Hauck-Thum und Kirch 2019, S. 13). Die Digitalisierung der Klassenzimmer erfolgt über eine Ausstattung mit Whiteboard und Dokumentenkamera. Auf diese Weise nachgerüstete Räume ermöglichen Lehrenden einen mediengestützten Unterricht mit einer digitalisierten

Form der Präsentation und Vermittlung von Inhalten. Der Schwerpunkt dieser Digitalisierungmaßnahmen ist auf Prozesse der Lehre, nicht des Lernens gerichtet. Ziel ist die Vermittlung eines kompetenten und verantwortungsbewussten Umgangs mit digitalen Medien, um sich in einer digitalen Welt zurecht zu finden (vgl. MacGilchrist 2017, S. 150). Ein daraufhin ausgerichteter Unterricht wird in der Grundschule als Lehrgang mit entsprechenden Lehrwerken verstanden. Diese Form der Umsetzung ähnelt dem Vorgehen im Bereich der Verkehrserziehung in der vierten Klasse. Am Ende einer Unterrichtssequenz steht das Absolvieren einer Art Führerschein, der Kindern die kompetente (Be-)Nutzung von Computer und Internet attestiert (vgl. Monitor – Digitales Lernen an Grundschulen 2017, S. 15). Sogenanntes *Digitales Lernen,* das als instrumentelle Auseinandersetzung mit digitalen Medien verstanden wird, ist das Ergebnis von Aushandlungsprozessen der Akteure darüber, was Schule auch unter den Bedingungen von Digitalisierung ist und wie sie auszusehen hat. Daran beteiligt sind Lehrende, die Schule und Unterricht bereits selbst in dieser Form erlebt haben, ebenso wie Eltern und deren Kinder, an die die Vorstellung, wie Schule und Unterricht abläuft, weitergetragen wurde.

Innerhalb dieser Rahmung wird der Begriff *digital* auf eine Eigenschaft von Technologien[1] reduziert. Für Bildung wird Digitalisierung gleichgesetzt mit einer Plattform zur Verteilung von Lernmaterialien (vgl. Allert, Asmussen und Richter 2017, S. 29), die ihre ursprüngliche Struktur und die damit verbundenen Aufgabenformate auch in digitaler Form beibehalten. Dieses Verständnis gründet auf einer stabilen „Vorstellung von Lernen als Weitergabe von bereits bestimmtem Wissen und Vermittlung bestehender Kultur, Bedeutung und Regeln an isolierte Individuen" (Allert, Asmussen und Richter 2017, S. 49). Unter diesen Bedingungen kann sich Schule auch im Kontext von Digitalisierung nur an der Oberfläche verändern.

2 Kultur der Digitalität

Felix Stalder (2016) bringt den Begriff der Kultur der Digitalität in einen Diskurs ein, der bislang von unterschiedlichen Positionen bestimmt wird, die eines gemein haben: der Forderung nach dem Umgang des Subjekts mit digitalen Objekten, z. B. in Form von Lehrmitteln bzw. unterrichtsrelevanten Tools, um zeitgemäßen Anforderungen gerecht zu werden und Unterricht digital zu optimieren.

Digitalität lässt sich nicht als angestrebte Eigenschaft eines mediengestützten Unterrichts beschreiben, sondern verändert als Kultur auch Bildungserfahrungen grundlegend. Bildungserfahrungen werden nicht länger mit regulierbaren und individualisierten Lernprozessen gleichgesetzt, die sich aus der Auseinandersetzung einzelner SchülerInnen mit digitalen Medien ergeben, sondern erwachsen

---

[1]Technologie wird nach Allert, Asmussen und Richter von Technik bzw. technischem Objekt unterschieden. Technologie meint immer „Technik mit der, der Praktik inhärenten Nutzungslogik der Technik." (Allert, Asmussen und Richter 2017, S. 31)

aus der Gemeinschaftlichkeit heraus. Gemeinschaftlichkeit als zentrales Merkmal der Kultur der Digitalität und die Zugehörigkeit zu Gruppen spielt für Heranwachsende gemäß des Zukunftsreports 2017 eine wichtige Rolle. Die sogenannte Generation Global identifiziert sich mit Menschen, die gemeinsame Werte teilen und sich für gleiche Anliegen begeistern oder ihre Zeit mit ähnlichen Dingen verbringen. Gemeinschaften bestehen sowohl analog wie digital, Mechanismen digitaler Vernetzung führen dabei zu großer Wirkmächtigkeit (Papasabbas 2017). Die für eine Gemeinschaft von Subjekten typischen Praktiken, wie das Kommunizieren über geteilte Bilder, Tweets, Blogs, Memes etc., werden „mithilfe von digitalen Technologien laufend produziert und reproduziert." (Stalder 2016, S. 137). Praktiken, die nach Hörnig als „routinierte gemeinsame Handlungsgepflogenheiten" (Hörnig 2001, S. 162) von Subjekten verstanden werden, die sich wechselseitig konstituieren. Die diesem Prozess inhärente Produktivität gilt „in vielfältiger Weise als relevant in Bildungsprozessen." (Allert, Asmussen und Richter 2017, S. 32). Produktivität, die sich vor allem aus „gemeinschaftlichen Formationen, nicht singulären Personen" heraus kreativ entfaltet. Die Formationen „sind die eigentlichen Subjekte, die Kultur, also geteilte Bedeutung hervorbringen." (Stalder 2016, S. 130). Der Einzelne als Teil der Gemeinschaft leistet demzufolge einen produktiven Beitrag, der von der Gemeinschaft wahrgenommen und anerkannt wird. (vgl. Allert, Asmussen und Richter 2017, S. 51) Dazu zählen auch Auswahl und Bewertung von Referenzen – also bereits von anderen gemachte kulturelle Äußerungen im Rahmen von Praktiken wie Remix, Appropritation, Sampling, Hommage Remix, Parodie, Zitat, Mashup oder transformativer Nutzung. Gemein haben diese Praktiken „die Erkennbarkeit der Quellen und den freien Umgang mit diesen." (Stalder 2016, S. 19). Referenzen werden nicht nur von Menschen generiert. Dahinter steckt vielmehr eine algorithmische Vorauswahl. Algorithmen sind dabei nicht als statische Rechenfolgen zu sehen. Die maschinelle Auswahl erfährt erst durch den Menschen „human-kognitive Bestätigung", „die auch als Feedback für die stete Anpassung dieses Algorithmus genutzt wird." (Stalder i. d. Bd.)

> Das heißt, wir haben eigentlich drei Auswahl- und Sortiermechanismen, nämlich das Referenzieren, das gemeinschaftliche Bewerten und aber auch das algorithmische Vorsortieren, die bestimmen, wie Kultur gemacht wird. (Stalder i. d. Bd.)

Grundlegende Praktiken der Kultur der Digitalität und das damit einhergehende Verständnis für die Mechanismen spielen in Schulen aktuell kaum eine Rolle. Schulen entwickeln vielmehr eigene Praktiken im Umgang mit digitalen Medien, die auf Vorstellungen von Bildung und Kompetenzerwerb als Vermittlung und Erwerb von Wissen und Kultur basieren. Die Vorstellung davon, wie ein digitalisiertes Klassenzimmers auszusehen hat, lässt sich als Ergebnis kollektiver Aushandlungsprozesse erklären, aus denen hervorgeht, wie Schulraum aussieht und wie Lehren und Lernen funktioniert. Digitale Medien werden in dieser Rahmung als Werkzeuge verstanden, die Unterricht besser machen sollen bzw. Inhalte verständlicher und effizienter vermitteln und präsentieren. Eingesetzt werden sie dann, wenn sie einen vermeintlichen „Mehrwert" generieren (vgl. Krommer 2018, sowie den Beitrag von Krommer in diesem Band).

Erst wenn es gelingt, die Bedeutung kulturell relevanter produktiver Praktiken als Voraussetzung von Bildungsprozessen in das Bewusstsein der Akteure zu rücken, könnte sich daraus ein Verständnis von Kompetenz entwickeln „das sich nicht in der Verfügbarkeit instrumenteller Fertigkeiten erschöpft." (Allert und Richter 2016, S. 10) Dadurch könnten sich sowohl die Art und Weise des Vermittelns als auch die der Wissensaneignung grundlegend verändern.

> Ins Zentrum rücken Fragen der Orientierung innerhalb eines dynamischen und deshalb unübersichtlichen Raumes, und statt der Vermittlung unumstößlicher Wahrheiten, die Fähigkeit, Dinge immer wieder neu einschätzen zu können. Weil dies jede(n) Einzelne(n) alleine überfordern würde, sind Formen des Zusammenarbeitens und des gemeinsamen Reflektierens wichtiger als die des individuellen (Auswendig)Lernens. (Stalder i. d. Bd.)

Um Kindern Bildungserfahrungen in der Kultur der Digitalität zu ermöglichen, benötigen sie anregende Räume, Gelegenheiten und ausreichend Zeit zur kreativen und produktiven Auseinandersetzung mit relevanten Themen und zum wechselseitigen Austausch mit menschlichen und technischen Akteuren. Digitale und analoge Medien kommen dabei gleichermaßen zum Einsatz, um Kinder im Rahmen kreativer Erfahrungsverarbeitung zum Nachdenken über die Welt, zum kritischen Reflektieren und zum kommunikativen Austausch anzuregen. Das Vorgehen hat viel mit gemeinsamem Herumbasteln, Erfinden, Erschaffen und Intervenieren als Formen des Verstehens aber auch der Transformation zu tun (vgl. Allert, Asmussen und Richter 2017, S. 42). „Die Auseinandersetzung mit Unbestimmtheit" wird in dieser Umgebung ein „wesentliches Charakteristikum von Bildung". (Allert, Asmussen und Richter 2017, S. 42) „Kreative Praktiken bezeichnen in diesem Sinne kollektiv reproduzierte Handlungs- und Deutungsmuster zum produktiven Umgang mit Situationen, die unbestimmt, ambivalent, handlungs- und deutungsoffen sind" (Allert, Asmussen und Richter 2017, S. 42). Reguliertes individualisiertes Lernen steht dem Lernen in der Gemeinschaft nicht grundsätzlich entgegen, denn erst in der Gemeinschaftlichkeit im Rahmen arbeitsteiliger Kooperation und Kollaboration, über kollektive kritische Reflexion, gegenseitige Unterstützung und Feedback in analogen und digitalen Lernumgebungen erfährt auch selbstorganisiertes Lernen Ordnung und Regulierung (vgl. Allert, Asmussen und Richter 2017, S. 42).

3   Kulturalisierung des Lernortes Schule

Unter welchen Bedingungen können sich nun Schulen, die bislang Räume der Bestimmtheit waren, zu Lernorten entwickeln, an denen Kinder nicht nur Aufgaben bearbeiten, sondern gemeinsam Lösungen zu relevanten Fragestellungen entwickeln, reflektieren und teilen? Ist doch die Ausgestaltung einer Lehr-Lernumgebung immer auch Ausdruck einer von allen Beteiligten in der Situation akzeptierten und (re-) produzierten Kultur des Lehrens und Lernens (vgl. Kühn 2019, S. 17). Der Lernort Schule muss unter den Bedingungen der Kultur der

Digitalität einen Prozess durchlaufen, den Reckwitz als Kulturalisierung eines Ortes bezeichnet (vgl. Reckwitz 2017). Schule muss zu einem Lernort werden, der positive Gefühlsregungen auslöst, Emotionen bindet und dadurch subjektiv bedeutsam wird (vgl. Kühn 2019, S. 17). Kühn hebt hervor, dass eine „affektive Aufladung" von Orten nur dann erfolgt, wenn das „Subjekt Beziehungen zu den verfügbaren Elementen am Lernort eingeht – sowohl zu Personen als auch Objekten." (Kühn 2019, S. 17) Er verweist auf Rosa, der Resonanzerfahrungen einen zentralen Stellenwert in Lernprozessen (vgl. Rosa 2018, S. 6 ff.) zuschreibt. Diese Erfahrungen machen Kinder, wenn sie affektiv berührt werden und sich zudem als selbstwirksam wahrnehmen, weil sie aktiv an einem produktiven Schaffensprozess beteiligt sind. Der Lernort erwächst dabei zum gestalteten Bezugspunkt, an dem Menschen zu einer gewissen Zeit zusammenkommen, um sich gemeinschaftlich mit bedeutsamen Themen auseinandersetzen. Dieser Lernort muss nicht länger das Klassenzimmer oder das Schulgebäude sein. Auch an anderen Orten bzw. in digitalen Räumen können zeitgemäße Interaktions-, Kommunikations- und Reflexionsprozesse ermöglicht und Beziehungen aufgebaut werden, über die die Teilnehmenden mit sich selbst und der Welt in Verbindung treten können (vgl. Rosa 2018, S. 6 ff.).

Damit Schule dementsprechend anschlussfähig bleibt, bedarf es einer grundsätzlichen Umorientierung bei der Nutzung analoger wie digitaler Räume, damit echte Fragestellungen in offenen Lehr- und Lernformen umgesetzt und auf vielfältige Weise bearbeitet werden können.

Lernorte können demnach sehr unterschiedlich aussehen. Ein Beispiel für ein innovatives Gesamtkonzept stellt das Raum- und Medienkonzept der Lernhausgrundschule am Bauhausplatz in München dar. Es nimmt räumliche Veränderungen, Ausstattung mit analogen und digitalen Medien und methodisch-didaktische Überlegungen gleichermaßen in den Blick. Das Münchner Lernhauskonzept ist ein ganzheitliches Schul- und Raumprogramm, das Empfehlungen zur Pädagogik, zu den Räumen sowie zur Organisation und Leitung von Schule enthält. Eine große Schule wird in kleine Einheiten und Gemeinschaften geteilt. Ein Lernhaus besteht aus vier Klassenräumen, zwei Gruppenräumen, die zwischen den Klassen liegen, einem Marktplatz und einem Teamraum. Die Lernhäuser werden jahrgangsgemischt besetzt. Lernhausschulen verfügen neben den Lernhäusern über weitere, lernhausübergreifende Räume, wie eine Bibliothek, einen Computerraum, verschiedene Fachräume, eine Mensa, eine Turnhalle und einen Außenbereich. Obwohl die pädagogische Architektur des Lernhauses daraufhin ausgerichtet ist, aktuellen Herausforderungen wie Ganztag, inklusivem Unterricht, schüleraktivierenden Formen des Lernens und Lehrens, Fördern und Fordern sowie Stärkung von Selbstverantwortung und sozialen Fähigkeiten zu begegnen (Praxisbuch Münchner Lernhaus, S. 9), hat eine Studie an vier Lernhausschulen gezeigt, dass räumliche Voraussetzungen allein noch nicht reichen, um herkömmliche Vorstellungen von Schule und Unterricht zu überwinden (vgl. Hauck-Thum und Kirch 2019). Trotz des großzügigen Raumangebots liegt die tägliche Nutzung der Klassenzimmer bei 94,87 %. Dort findet für einen Großteil der Lehrenden nach wie vor der gesamte Unterricht statt. Der Marktplatz, der konzeptgemäß zum kooperativen gemeinschaftlichen Arbeiten anregen soll, wird gemäß der Aussagen der Lehrenden von 45,95 % täglich genutzt. Unterrichtsbeobachtungen zeigen allerdings, dass der Marktplatz, wenn er überhaupt genutzt wird, in erster Linie wenigen Kindern als Raum für Still- und Gruppenarbeit dient (Bearbeitung von Arbeitsheften in Einzelarbeit bzw. in der Gruppe bei freier Platzwahl).

Im Zusammenhang mit dem Einsatz digitaler Medien zeigen die Auswertungen, dass Lehrkräfte mit der medialen Ausstattung, die aus Whiteboard und Dokumentenkamera in den Klassenzimmern besteht, mehrheitlich zufrieden sind. Beide Geräte kommen mit 97,44 % täglich zum Einsatz, vor allem um gemeinsame Hefteinträge zu gestalten und Inhalte zu vermitteln. Der Computerraum wird nur im Rahmen einer wöchentlich stattfindenden Arbeitsgemeinschaft von einer Gruppe von Kindern genutzt. Der Einsatz digitaler Medien hat in dieser Form keinerlei Einfluss auf herkömmliche Unterrichtsstrukturen. Bezüglich der Kooperation der Lehrkräfte im Lernhaus ergab sich, dass ein Drittel der Lehrenden (33,33 %) Unterricht gemeinsam plant. Die Leistungserhebungen werden von 48,72 % der Lehrenden gemeinsam durchgeführt. Wesentlich geringer fällt der Anteil derer aus, die Unterricht gemeinsam umsetzen (5,31 %) und reflektieren (7,69 %). Vor allem die jahrgangsübergreifende Kooperation findet innerhalb der Lernhäuser bislang nur selten statt. Ein Drittel (33,33 %) der befragten Lehrenden gibt an, dass ihre Klasse nie mit anderen Klassen zusammenarbeitet. Gut die Hälfte (51,28 %) der Klassen arbeitet zumindest hin und wieder mit einer anderen zusammen (vgl. Hauck-Thum und Kirch 2019).

Tradierte Vorstellungen der Planung und Umsetzung von Unterrichtseinheiten mit festen Lernzielen, die auf eine sich anschließende Leistungsmessung hin ausgerichtet werden, verändern sich durch eine pädagogische Architektur und eine umfangreiche Medienausstattung zunächst nicht oder nur kaum, wenn Lehr- und Lernprozesse nicht grundsätzlich neu gedacht und Räume und Medien flexibel genutzt werden. Aus diesem Grund wurde der Computerraum aufgelöst, der in der bestehenden Form zum großen Teil leer stand. Der Raum wurde zum Innovationsraum „Hotspot" (vgl. Hauck-Thum 2020) umgestaltet, der Kindern vielfältige Bildungserfahrungen in der Auseinandersetzung mit relevanten Themen und analogen und digitalen Medien (Tablets, Laptops, Bücher, Bastelmaterial, Green-Screen-Ecke, Trickfilm-Ecke, Robotics) eröffnen kann. Kinder können sowohl vor Ort arbeiten, das Material und die mobilen Endgeräte aber auch in anderen Räumen innerhalb und außerhalb der Schule verbinden. Ziel ist die klassenübergreifende Beschäftigung mit analogen und digitalen Angeboten in Kleingruppen im Rahmen kooperativ geplanter und umgesetzter Projekte, die den veränderten Bedingungen der Kultur der Digitalität gerecht werden. Das Vorgehen soll anhand zweier Beispiele verdeutlicht werden:

„Der Tag, an dem ich merkte, wie stark ich bin" ist ein Projekt, das dem mündlichen und schriftlichen Erzählen von Stärkegeschichten und der medialen Umsetzung am Tablet dient – Geschichten, die von dem Tag erzählen, an dem Kinder erkennen, wie stark sie eigentlich sind. Das Klettern auf einen hohen Baum, sich bei einem Wettbewerb erfolgreich zu beweisen, Eifersucht auf Geschwister, Ausgrenzungserfahrungen zu überwinden oder einer Freundin zu helfen, sind typische Erfahrungsräume, die Kinder in ihrer Resilienz, der psychischen Widerstandskraft, stärken. Sich dieser Erfahrung bewusst zu werden, sie zu kommunizieren und zu erkennen, was Kompetenz in diesen Augenblicken ausmacht, macht Kinder selbstbewusster und hilft ihnen, mit kommenden Schwierigkeiten umzugehen. Resilienzförderung setzt dabei gezielt bei der Selbstwahrnehmung und -steuerung an, fördert die Wahrnehmung und Entwicklung von Problemlösestrategien und Stressbewältigung sowie soziale Kompetenzen, und bietet so die Erfahrung von Selbstwirksamkeit (vgl. Fröhlich-Gildhoff und Rönau-Böse 2018). Über das kooperative Schreiben und die gemeinsame mediale Umsetzung der Schreibprodukte am Tablet werden Kinder angeregt, sich mit eigenen Stärkeerlebnissen intensiv auseinanderzusetzen. Dabei ergeben sich neue Formen des kooperativen Austausches und der kreativen Darstellung an Orten innerhalb und außerhalb des Schulgebäudes, die den Kindern Einblicke in sich selbst eröffnen (ich bin stark, ich schaffe das) und Anreize zum Nachdenken und zur Reflektion bieten. (www.projektwoche-starke-geschichten.de).

Das Projekt „Erklär' mir mal…" dient der gemeinschaftlichen Gestaltung und der Pflege eines digitalen Lexikons auf einer Webseite (www.erklaermirmal.de), auf der von Kindern erstellte Erklärfilme zu Begrifflichkeiten des Sachunterrichts veröffentlicht werden. Ziel ist der Aufbau von Fachwissen im Sachunterricht und der Förderung von Erklärkompetenz als relevante bildungssprachliche Kompetenz. Ausgehend von der originalen Begegnung am außerschulischen Lernort Wald setzen sich die Kinder jahrgangsübergreifend in kommunikativer, kooperativer und kollaborativer Kleingruppenarbeit mit analogen und digitalen Medien gleichermaßen auseinander. Über die Berücksichtigung der im privaten Bereich selbstverständlich zur Anwendung kommenden Praktiken der Rezeption, Produktion und des Teilens von Erklärfilmen verstehen Kinder Zusammenhänge besser, da sie sich diese selbst erklären bzw. sie von anderen Kindern in einer für sie verständlichen Sprache erklärt bekommen. *Von Kindern für Kinder* ist das bestimmende Prinzip des Projekts. Die Erstellung von Erklärfilmen stellt zudem eine relevante Lernstrategie im Sachunterricht dar (vgl. Wolf 2015, S. 33). Pädagogisch angeleitet kann dadurch zu einer vertieften Durchdringung von Inhalten beigetragen werden, da Erklären Verstehen voraussetzt. Über die Möglichkeit der Wiederholung der Aufnahme kann Performanz und Verständlichkeit laufend überprüft werden. Nachbearbeitungen in Form von Schnitt, zusätzlichen Visualisierungen und dem Einfügen von Effekten führen zu einer vertieften Auseinandersetzung mit den Inhalten und eigenen Erklärungen. Dabei können auch rechtliche Fragen zum Datenschutz und zur Nutzung und Verbreitung von Material im öffentlichen Raum thematisiert werden. Das Endprodukt ermöglicht Kindern die wiederholte Rezeption, wodurch Inhalte weiter gefestigt und Reflexions- und sprachliche Austauschprozesse angeregt werden. So entsteht eine neue Meta-Kommunikationsebene, auf der sich ProduzentInnen über Inhalte und die Qualität der Umsetzung mit Peers und Lehrenden didaktisch und inhaltlich austauschen können (vgl. Wolf 2015, S. 33). Kinder leisten durch die Gestaltung der Webseite einen kreativen und produktiven Beitrag als Teil einer gestaltenden Gemeinschaft und partizipieren so als aktive Produzenten an der digitalen Welt.

Im Fokus beider Projekte steht nicht der Erwerb von Kompetenzen im Umgang mit digitalen Medien, sondern die Möglichkeit, vielfältige Bildungserfahrungen zu machen, die dazu beitragen können, den Herausforderungen einer zunehmend digitalisierten Welt gerecht zu werden. Zentrale Praktiken der Kultur der Digitalität, wie das gemeinschaftliche kreative Produzieren medialer Produkte und das Bewerten und Teilen finden bei der Projektarbeit konsequent Berücksichtigung. Lehrende planen und reflektieren die Projekte gemeinsam und stehen den Kindern bei der Umsetzung als Lernbegleiter zur Seite.

Wir wissen nicht, welche konkreten Anforderungen an Kinder in 10 oder 20 Jahren gestellt werden. Aber sie sind bereits jetzt andere als noch vor 10 Jahren. Bislang hat es funktioniert, Kinder in dafür vorgesehenen Gebäuden mit Blick auf die Vergangenheit zu unterrichten und dabei gesellschaftlich relevante kulturelle Praktiken zu ignorieren. Doch spätestens jetzt braucht es die Bereitschaft, herkömmliche Vorstellungen des Lehrens und Lernens grundlegend zu überdenken. Schule wird zukünftig an unterschiedlichen Orten stattfinden. Dafür müssen sich analoge und digitale Lernräume öffnen. Ein Bildungssystem, das sich außerhalb des bestimmenden kulturellen Rahmens bewegt, wird ansonsten eher früher als später zum Auslaufmodell.

4 Projektseiten

www.erklaermirmal.de (aufgerufen am 01.06.2020).
www.projektwoche-starke-geschichten.de (aufgerufen am 01.06.2020).

Literatur

Allert, Heidrun, Asmussen, Michael, Richter, Christoph 2017. Bildung als produktive Verwicklung. In *Digitalität und Selbst. Interdisziplinäre Perspektiven auf Subjektivierungs- und Bildungsprozesse*, Hrsg. Heidrun Allert und Michael Asmussen, 27–68. Bielefeld: transcript.
Allert, Heidrun, und Richter, Christoph. 2016. Kultur der Digitalität statt digitaler Bildungsrevolution. https://nbn-resolving.org/urn:nbn:de0168-ssoar-47527-7 (aufgerufen am 1.6.2020).
Bertelsmann Stiftung, Hrsg. 2017. Monitor – Digitales Lernen an Grundschule. Gütersloh: Bertelsmann.
Dräger, Jörg und Müller-Eiselt, Ralph. 2015. *Die digitale Bildungsrevolution. Der radikale Wandel des Lernens und wie wir ihn gestalten können*. München: Dt. Verlags-Anstalt.
Fölling-Albers, Maria. 2019. Grundschule 1919 – Grundschule 2019. Eine andere Grundschule? ZfG 2019. https://doi.org/10.1007/s42278-019-00051-w, 475–491 (aufgerufen am 1.6.2020).
Fröhlich-Gildehoff, Klaus und Rönnau-Böse, Maike. 2018. Was ist Resilienz und wie kann sie gefördert werden. *TELEVIZION. Internationales Zentralinstitut für das Jugend- und Bildungsfernsehen (IZI)* 31/1: 4–8.
Hauck-Thum, Uta. 2020. Hotspot Grundschule. Lehren und Lernen mit digitalen Medien (2020). *Grundschule Deutsch* 1/2020: 9–12.

Hauck-Thum, Uta und Kirch, Michael 2019. *Studie zur aktuellen Umsetzung des Münchner Lernhauskonzepts an vier Grundschulen in München.* https://www.digitalitaet.com/uploads/6/5/1/5/65157743/lernhausstudie_hauck-thum_kirch.pdf (aufgerufen am 1.6.2020).

Huber, Ludwig. 2009. „Lernkultur" – Wieso „Kultur"? Eine Glosse. In *Wandel der Lehr- und Lernkulturen*, Hrsg. Ralf Schneider, Birgit Szczyrba, Ulrich Welbers, Johannes Wildt, 14–20. Bielefeld: W. Bertelsmann. (=Blickpunkt Hochschuldidaktik 120)

Kirchhöfer, Dietmar 2003. Neue Lernkultur – Realprozeß oder ideologische Konstruktion? UTOPIE kreativ. H. 149 (März 2003). 246–255.

Kreckel, Reinhard. 2006. „Universitätskulturen". In *Europäische Gruppenkulturen. Familie, Freizeit, Rituale*, Hrsg. Rüdiger Fikentscher, 99–120. Halle/S.: mdv.

Krommer, Axel. 2018. Wider den Mehrwert. Argumente gegen einen überflüssigen Begriff. http://www.axelkrommer.com/2018/09/05/wider-den-mehrwert-oder-argumente-gegen-einen-ueberfluessigen-begriff/ (aufgerufen am 1.6.2020).

Kühn, Christian. 2019. Atmosphären des Lehrens und Lernens: Annäherung an ein soziales Phänomen. *Forum Erwachsenenbildung* 3/2019: 17–20.

Rosa, Hartmut 2018. Lernen durch Resonanz. Interview mit dem Soziologen Hartmut Rosa. *Weiterbildung. Zeitschrift für Grundlagen, Praxis, Trends* 6/2018: 6–8.

MacGilchrist, Felicitas. 2017. Die medialen Subjekte des 21. Jahrhunderts. Digitale Kompetenzen und/oder Critical Digital Citizenship. In *Digitalität und Selbst: Interdisziplinäre Perspektiven auf Subjektivierungs- und Bildungsprozesse*, Hrsg. Heidrun Allert und Christoph Asmussen, 145–168. Bielefeld: transcript.

Papasabbas, Lena 2017. Die Generation Global. www.zukunftsinstitut.de/artikel/zukunftsreport/die-generation-global/ (aufgerufen am 1.6.2020).

Praxisbuch Münchner Lernhaus. 2017. http://www.schulen-planen-und-bauen.de/wp-content/uploads/2017/01/lernhaus_Broschu_re_web_ohne_Vorwort.pdf (aufgerufen am 1.6.2020).

Reckwitz, Andreas. 2017. *Die Gesellschaft der Singularitäten. Zum Strukturwandel der Moderne.* Berlin.

Stalder, Felix 2016. *Kultur der Digitalität.* Berlin: Suhrkamp.

Wolf, K. 2015. Bildungspotentiale und Erklärvideos auf YouTube: Audiovisuelle Enzyklopädie, adressatengerechtes Bildungsfernsehen, Lehr-Lern-Strategie oder partizipative Peer-Education? *merz* 1/59: 30–36.

Mediendidaktische Konzepte und die Kultur der Digitalität

Micha Pallesche

Zusammenfassung

Seit nahezu 20 Jahren werden Strategien und mediendidaktische Konzepte entwickelt, die zeitgemäße Lehr- und Lernprozesse und den jeweiligen Stand der Forschung in den Blick nehmen und in erster Linie auf technische Veränderungen hin angepasst und modifiziert werden. Um den Einfluss einer neuen kulturellen Rahmung zu verdeutlichen, lohnt sich ein Blick in die Genese der mediendidaktischen Konzepte der vergangenen Jahrzehnte. Der Beitrag beleuchtet die Entwicklung dieser Konzepte, um davon ausgehend die Kultur der Digitalität zu verorten und Folgerungen für eine erfolgreiche Implementierung der Kulturmerkmale in Schulen abzuleiten.

Schlüsselwörter

Medienkonzepte · Digitalität · Transformation · Schulentwicklung · Partizipation

1 Medienkonzepte im Wandel

Nachdem vom Bundestag am 15. März 2019 die „Verwaltungsvereinbarung DigitalPakt Schule 2019 bis 2024" beschlossen und im Rahmen dieser Förderung 5 Mrd. EUR für die Digitalisierung freigesetzt wurde, stehen aktuell nahezu alle Schulen in Deutschland vor der Aufgabe Medienkonzepte zu entwickeln, um die Fördergelder abrufen zu können. Ein Jahr nach Beschlussfassung wurde bisher nur ein Bruchteil der Gelder, rund 3 % ausgeschüttet (Bitkom 2020) Die Gründe

M. Pallesche (✉)
Graben-Neudorf, Deutschland

dafür sind vielfältig. Allerdings zeichnet sich bei den bisherigen Anträgen eine bestimmte Vorgehensweise ab. Gemäß der Leitfäden des BMBFs (BMBF 2020) und der Vorgaben der Prüfinstanzen der jeweiligen Bundesländer wird bei den Anträgen versucht, einen vorwiegend traditionellen, lehrerzentrierten Unterricht zu digitalisieren. Infolge wird in den meisten Bundesländern neben der Bereitstellung der technischen Infrastruktur vor allem in interaktive Tafelsysteme (interaktive Whiteboards) investiert (Tagesspiegel 2020). Der Gedanke eines eher frontalen Unterrichtssettings wird dadurch weiter befördert (Engel, Olga und Thomas Knaus 2011, S. 164). Begründet liegt dies sicherlich auch darin, dass Schulen aufgrund fehlender Zeitressourcen und erhöhtem zeitlichen Abgabedruck auf erprobte Medienkonzepte zurückgreifen und diese als Basis eigener Konzepte verwenden.

Seit nahezu 20 Jahren werden Strategien und mediendidaktische Konzepte entwickelt, die zeitgemäße Lehr- und Lernprozesse und den jeweiligen Stand der Forschung in den Blick nehmen und in erster Linie auf technische Veränderungen hin angepasst und modifiziert werden. So führten die multimedialen Fähigkeiten von Computern und die damit einhergehende „Explosion des Wissens" zu Beginn der 2000er Jahre zu der Forderung, das „zu einer Zeit relativ stabiler und fast statischer Werte- und Wissenskontexte entwickelte deutsche Schulkonzept" (Weber 2003, S. 7) weiterzuentwickeln. Hybride Lernarrangements verfolgten dabei zunächst den Ansatz, dass Qualität und Effizienz eines Lernangebots vor allem durch die Kombination von Elementen unterschiedlicher methodischer und medialer Aufbereitung zum Tragen kommt (vgl. Kerres 2001). Im Jahr 2001 hob Kerres hervor, dass die Qualität und Effizienz der Medien „weniger durch Eigenschaften des Mediums selbst determiniert als durch die Passung des Mediums zu den situativen Bedingungen des didaktischen Feldes" (Kerres 2001, S. 7) gekennzeichnet sind. Für mediengestützte Lernangebote ging es infolge um die Gestaltung sinnvoller Konzepte unter Berücksichtigung der Medienwahl, die in der jeweiligen Situation den vermeintlich höchsten Mehrwert bot. Dabei orientierte sich der Mehrwert des Medieneinsatzes an der Lösungsfähigkeit bestimmter Bildungsprobleme und -anliegen (Kerres 2004, S. 6). Beispielsweise sollten Informationen über verschiedene Sinneskanäle zugänglicher und diese durch eine bessere Wahrnehmung leichter zu verarbeiten sein. Bis heute wird bei der Medienauswahl und der Umsetzung einer bestimmten Konzeption davon ausgegangen, es könne damit eine bestimmte Wirkung erzielt werden. (vgl. von Martial und Ladenthin 2002).

Von jeher stehen Veränderungen der konzeptionellen Nutzung von Unterrichtsmedien im Spannungsfeld zeitabhängiger pädagogischer Strömungen, lernpsychologischer Ansätze, technischer Neuerungen und gesellschaftlicher Veränderungen. Im Lauf der geschichtlichen Entwicklung von Unterrichtsmedien haben sich dabei fünf *mediendidaktische Konzepte* herauskristallisiert, die mit sich wandelnden technischen Mitteln noch immer in der Praxis Anwendung finden (vgl. Tulodziecki 2010, S. 112). Aus der Pädagogik von Comenius aus dem 17. Jahrhundert (vgl. u. A. von Martial und Ladenthin 2002; de Witt und Czerwionka 2013; Tulodziecki et al. 2010) geht hervor, Sinneserfahrungen als

Grundlage für Denkprozesse anzusehen. Das daraus entstandene „Lehrmittelkonzept" (Tulodziecki 2010, S. 101) verfolgt bis heute den Gedanken, einzelne, inhaltlich festgelegte Medienangebote flexibel im Unterrichtsprozess einzusetzen. Dieser Gedanke wurde in der Anschauungspädagogik im 19. Jahrhundert aufgegriffen, weiterentwickelt und im 20. Jahrhundert nicht zuletzt durch die Arbeitspädagogik zunehmend in eine Handlungsorientierung überführt. Das sich daraus entwickelnde „Arbeitsmittelkonzept" (Tulodziecki 2010, S. 101) hatte als Ziel Materialien zu entwickeln, die nicht nur für Lehrende, sondern auch „als Lernmittel für die Hand des Schülers" gedacht waren. Tulodziecki merkt an dieser Stelle an, dass die Überlegungen der Anschauungs- und Arbeitsmittel bis zu Beginn der 60er Jahre des 20. Jahrhunderts ausschließlich der Methodik des Lehrens zugeordnet werden konnten (vgl. Tulodziecki 2010, S. 99). Mit der wachsenden Bedeutung der Massenmedien wurde die Medienwahl durch Heimann (1962) „als eigenes Strukturmoment" (Heimann 1962, S. 418 f.) ausgewiesen, wobei hier erstmalig der Begriff „Medienpädagogik" im erziehungswissenschaftlichen Sprachgebrauch verwendet wurde (vgl. Heckt 2005, S. 449). Aus der weiteren Entwicklung der Rundfunk-, Bild- und Hörfunkmedien entstand daraufhin in den 70er Jahren das „Bausteinkonzept" (Tulodziecki et al. 2010, S. 103), das neben der zeitlichen Strukturierung der Medien im Unterrichtsverlauf auch inhaltliche und didaktische Planungsmomente derselben beinhaltete (vgl. Paech und Silberkuhl 1979; Beneke et al. 1981). Diese Ansätze fanden sich nahezu zeitgleich auch im „Systemkonzept" wieder, bei dem alle medialen Komponenten zu einer bestimmten Thematik systematisch erfasst und zum Teil institutionell in Medienverbundsystemen zusammengefasst wurden. Den Lehrenden kam dabei lediglich die Rolle zu, zwischen den entsprechenden Angeboten auszuwählen. Mediale Systematisierung in dieser Form selbst zu gestalten hätte „dem einzelnen Lehrer einen unzumutbaren Aufwand" abverlangt (Tulodziecki und Gerhard 1977, S. 12). Im Gegensatz zur strikten, festgelegten Planung von Lehr- und Lernprozessen überlässt das „Lernumgebungskonzept" die Formulierung von Zielfragen, die Wahl der Informationsbeschaffung und die Methoden zur Problemlösung den Lernenden selbst. Dabei werden die Entscheidungen aus einer aktiven Auseinandersetzung mit der Lernumgebung getroffen, die durch den Lehrenden festgelegt ist. Dies beinhaltet auch eine Vorgabe der zur Verfügung stehenden Medien (vgl. Tulodziecki et al. 2010).

2 Mediendidaktische Konzepte und wissenschaftliche Fragestellungen

Innerhalb des wissenschaftlichen Diskurses um die Jahrtausendwende stand die Frage nach dem „lern- oder gar wissenschaftstheoretischen Paradigma" (Kerres 2001, S. 54) im Fokus. Zum einen wurden die sogenannten „Neuen Technologien" als Treiber einer tief greifenden Innovation oder sogar Revolution im Bildungssektor ernannt, zum anderen wurde deutlich formuliert, dass diese Technologien nicht per se „[…] zu neuen Qualitäten in der Bildung führen, sondern nur bestimmte, professionell geleitete mediendidaktische Konzeptionen" erfolgreich sein werden (vgl. Kerres, de Witt und Stratmann 2002, S. 1). Kerres et al. bezogen Stellung zur Annahme, „Neue Technologien" könnten die Lernmotivation, den Lernerfolg oder auch die Effizienz steigern (Kerres, de Witt und Stratmann 2002, S. 4) und leiteten daraus ihr Konzept der gestaltungsorientierten Mediendidaktik ab.

Dieses Konzept erweiterte dabei erstmalig den Blick von der Suche „[...] nach dem einen richtigen Modell des mediengestützten Lernens" hin zur Gestaltungsorientierung, bei der die Benennung von Bildungsproblemen, die Merkmale der Zielgruppe, die Spezifikation von Lerninhalten und -zielen, die didaktische Aufbereitung der Lernangebote, die Spezifikation der Lernorganisation und die Funktion der gewählten Medien und Hilfsmittel in den Fokus rückten (vgl. Kerres 2001, S. 42). Ziel der gestaltungsorientierten Mediendidaktik war es, eine Kombination unterschiedlicher medialer und methodischer Aufbereitungen zur Lösung von Bildungsproblemen zu erstellen, um dadurch die Qualität des Lehrangebot zu erhöhen. Dabei löste sich der Ansatz von der These, dass bestimmte einzelne Medien von sich aus besser als andere seien. Kerres (2001) formulierte einen Perspektivwechsel, ausgehend vom einzelnen Medium und dessen Eigenschaften, hin zur Komplexität eines Lernsettings und den damit verbundenen Herausforderungen und Gegebenheiten. Prägend war in dieser Zeit sicher auch die zunehmende Verfügbarkeit des Internets in Schulen und Haushalten und die damit verbundenen neuen Möglichkeiten zu kommunizieren, virtuelle Lerngemeinschaften zu bilden und hybride Lernarrangements[1] zu gestalten. Zwar wurde der Begriff des „Anderen Lernens" (Kerres, de Witt und Stratmann 2002, S. 6) bereits verwendet und Potenziale von mediengestützten Lernarrangements im Bereich der Selbststeuerung und der Kommunikation erkannt und benannt, jedoch ging auch die gestaltungsorientierte Mediendidakitk von einem bestehenden Bildungsbegriff aus, in dem „[...] im Unterschied zur Planung personalen Unterrichts [...] eine explizit ausformulierte Planung in der Medienkonzeption vorliegen muss" (Kerres 2013, S. 215), bei der zu antizipieren ist, wie die Lernenden sich im Umgang mit dem Medium verhalten werden (vgl. Kerres 2013, S. 215).

Bis zum Ende des 20. Jahrhunderts und zu Beginn des 21. Jahrhunderts standen neben dem Computer vor allem interaktive Whiteboards und erste mobile Endgeräte (Notebooks/Laptops) im schulischen Kontext als Unterrichtsmedien im Fokus. Interaktive Whiteboards der Firma „Smart" kamen 1991 in England auf den Markt (vgl. Smart 2004, S. 5), während Laptops Mitte der 90er Jahre zunächst im amerikanischen Raum in Pilotprojekten eingesetzt wurden (vgl. Metis associates Program Evaluation 1998; Ross et al. 2001; Light et al. 2002, Mitchell 2004). Im deutschsprachigen Raum, fanden mobile Endgeräte erst zu Beginn der 2000er Jahre an Pilotschulen den Weg in die Klassenräume

---

[1]*Hybride Lernarrangements* schaffen nach Kerres (2013, S. 415) eine Verzahnung von Face-to-face- und Onlinephasen, synchroner und asynchroner Kommunikation, Rezeption und aktiven Lernphasen, selbstgesteuerten und kooperativen Lernaktivitäten und den erforderlichen Betreuungsangeboten (technisch, organisatorisch, fachlich, sozial).

(Schaumburg et al. 2007 /1000 × 1000 Notebooks; Kammerl und Müller 2010 Hamburger Netbook Projekt; Bratengeyer und Kysela-Schiemer 2002 /ELearning in Notebookklassen; Schaumburg und Issing 2002 /Besser Lernen durch Laptops? Gütersloh; Häuptle 2006 /Notebooks in der Hauptschule). Interaktive Whiteboards wurden damals vonseiten der Hersteller als digitaler Tafelersatz angepriesen, mit dem man Tafelaufschriebe in digitaler Form abbilden, speichern und weiterbearbeiten konnte. Eine von der englischen Regierung in Auftrag gegebene Analyse des aktuellen Forschungsstandes der „British Educational Communications and Technology Acency (BECTA)" aus dem Jahr 2003 attestierte Interaktiven Whiteboards unter Anderem großes Potenzial im Bezug auf einen gewinnbringenden Einsatz hinsichtlich der Motivationssteigerung, den Visualisierungsmöglichkeiten und den Möglichkeiten der Weiterverarbeitung von digitalen Daten. Beschrieben und wahrgenommen wurde das Interaktive Whiteboard dabei ausschließlich in seiner Rolle als technisches und zugleich „kommunikatives" Arbeitsmittel. Nachfolgende Studien waren ähnlich strukturiert und beschrieben das Interaktive Whiteboard als ideales Werkzeug zur „Integration von Informations- und Kommunikationstechnologie (ICT)" (vgl. SMART 2004; Eule und Issing 2005; Moss et al. 2007; Wieden-Bischof 2008; Nikisch 2009). Dabei wurden beispielhaft Orte und Szenarien des Einsatzes aufgezeigt, ohne das Medium in seinem medialen Umfeld zu betrachten.

Die Beobachtungsschwerpunkte einzelner Studien zum Einsatz mobiler Notebooks/Netbooks im Unterricht seit Ende der 90er Jahre bis in das Jahr 2010 beschäftigen sich vorwiegend mit den Rahmenbedingungen, der Organisationsstruktur und der (methodisch- didaktischen) Verwendbarkeit mobiler Computer als Arbeitsmittel im Unterricht. Übereinstimmend wurde festgestellt, dass der sinnvolle Einsatz mobiler Computer im Unterricht zu einer Abkehr vom „traditionellen" Frontalunterricht in Richtung projektorientiertes, schülerzentriertes und kooperatives Arbeiten führen kann (vgl. Bruck 1998; Ross et al. 2001; Bratengeyer und Kysela-Schiemer 2002; Schaumburg et al. 2007 u. v. m.) und dabei hauptsächlich der Aspekt der Individualisierung des Lernens an Bedeutung gewinnt, das als individuelle Angebotsstruktur, angepasst an die jeweiligen Lernvoraussetzungen, verstanden wird (vgl. Kammerl und Müller 2010). Zudem ließen sich in Notebook/Netbook-Klassen signifikante Auswirkungen auf die überfachlichen Kompetenzen der Schülerinnen und Schüler beobachten. In den in zahlreichen Studien erhobenen und im damalig wissenschaftlichen Diskurs relevant erscheinenden Bereiche Medienkompetenz, Sozialkompetenz, Problemlösefähigkeit, Einsatz von Präsentationstechniken und eigenständiges Arbeiten wurden im Vergleich zu Schulklassen ohne mobile Computernutzung größere Fortschritte erzielt, zumindest dann, wenn die mobilen Geräte verstärkt in diesem Bereich im Unterricht eingesetzt wurden (vgl. Ricci 1998; Fairmann 2004; Häuptle 2006; Schaumburg et. al. 2007; Kammerl und Müller 2010).

Vorherrschende Medienkonzepte ebenso wie daran anknüpfende Studien waren und sind bis heute von einem traditionellen Unterrichtsbild bestimmt, bei dem die zentrale Frage des Medieneinsatzes im Unterricht am sogenannten

„Mehrwert" der digitalen Medien innerhalb des Settings orientiert ist. Dabei impliziert der Begriff des Mehrwerts in erster Linie den bisherigen Unterricht digital zur verbessern, digital zu optimieren oder auch in Bezug auf die Vorbereitung und Durchführung zu vereinfachen und zu erweitern, bzw. den Mehrwert messbar zu machen oder näher zu bestimmen. Dabei geht der Prozess der Digitalisierung, also der technischen Nutzung und des Umgangs des Subjekts mit digitalen Objekten (Richter, Allert und Asmussen 2017) mit dem Mehrwertsgedanken einher. Der Unterricht soll durch digitale Medien „gestützt" werden. Allerdings sind technische Neuerungen und Effektivitätssteigerung nicht Kern der Bildung. Es ist vielmehr ein Versuch, digitale Bildung auf etwas Planbares und Regulierbares zu reduzieren, als ein Instrument zur Optimierung des Bestehenden (vgl. Richter, Allert und Asmussen 2017, S. 29). Innerhalb dieser Rahmung wird Bildung auf die medientechnische Verfügbarkeit von Inhalten beschränkt und digitale Bildung als Umgang des Subjekts mit digitalen Objekten verstanden. Bildung muss jedoch in gesellschaftlichen Transformationsprozessen laufend neu bestimmt werden: „Selbst wenn wir in manchen Bereichen nicht mit digitalen Technologien interagieren, sind sie ein konstitutives Moment in kulturellen Praktiken und Subjektivierungsprozessen" (Richter, Allert und Asmussen 2017, S. 30) und definieren die kulturelle Rahmung, in der der Bildungsbegriff eingebettet ist. Der Mehrwertsgedanke berücksichtigt diese veränderteren kulturellen Rahmungen nicht. Er missachtet, dass alle wesentlichen Arbeits- und Lebensbereiche unserer Gesellschaft in den letzten Jahrzehnten bereits digitalisiert wurden und immer mehr Menschen sich an kulturellen Prozessen beteiligen, bei denen kulturelle Auseinandersetzungen und soziales Handeln zunehmend in komplexere Technologien eingebettet ist, ohne die diese kaum denkbar und lösbar wären (vgl. Stalder 2016, S. 11). Krommer bezeichnet den Mehrwert-Begriff daher als „[…] unklar, irreführend, bewahrpädagogisch und […] überflüssig […]" (Krommer 2018b; vgl. 2020 i. d. Bd.).

3 Veränderungsprozesse in der Kultur der Digitalität

Menschen haben gelernt mit neuen technischen Möglichkeiten umzugehen, sie auf vielfältige Weise in den Alltag zu integrieren und sie selbstverständlich für neue Formen der Kommunikation, Kooperation und Information zu nutzen. Bilder und Videos werden verschickt, ohne die Frage nach dem Wie zu stellen. Gleichzeitig verändern wirtschaftliche Aspekte menschliche Verhaltensweisen. Wurde früher beispielsweise ein Großteil an Bildern weggeworfen, da Fotoalben teuer waren, nimmt die Menge an Datenmaterial nun immer weiter zu (vgl. Weinberger 2014, S. 9). Digitale Inhalte werden geteilt, verarbeitet, bearbeitet, erneut geteilt und kommentiert und sind weltweit und ubiquitär verfügbar. Alltägliche Gewohnheiten und Notwendigkeiten verlagern sich zunehmend in den Online-Bereich, lösen bestehende Verhaltensweisen und -muster ab bzw. definieren sie neu. Ehemals analoge Elemente des Alltags vermischen sich mit digitalen Elementen und Grenzen des Übergangs verschwimmen. Für die Gesellschaft ergeben sich daraus neue Herausforderungen und Veränderungen. Dazu zählt eine zunehmende Überlastung mit Informationen, die Weinberger (2014) ausgehend von der Angst des Menschen, nicht genug Informationen zu bekommen, als kulturelles Syndrom („cultural condition") bezeichnet. Kucklick (2014) betrachtet den Menschen im 21. Jahrhundert als „Augmented Human", der seine Realität durch Zugriff auf Smartphone oder andere technische Geräte ständig erweitert.

Für Individuen wird es immer schwerer, sich innerhalb dieser Komplexität und Vielschichtigkeit zu orientieren. Handlungsfähigkeit kann daher nur im Austausch mit anderen entstehen, sich festigen und wandeln (Stalder 2016, S. 129). Bei diesen Austauschprozessen ist für alle Akteure vor allem Kommunikation und Kommunikationsfähigkeit von Bedeutung, auch um sich innerhalb der einzelnen Felder und Praktiken zu konstituieren: „[…] das gemeinschaftliche Erstellen, Bewahren und Verändern des interpretativen Rahmens, in dem Handlungen, Prozesse und Objekte eine feste Bedeutung und Verbindlichkeit erlangen – macht die zentrale Rolle der gemeinschaftlichen Formationen aus" (Stalder 2016, S. 137). Diese gemeinschaftlichen Prozesse erfordern und befördern gleichsam Empathiebewusstsein, da sich die jeweiligen Akteure im Austausch mit anderen Individuen und der Möglichkeit einer weltweiten Vernetzung ihrer Einzigartigkeit bewusst werden und Andersartigkeit zunehmend anerkennen (vgl. Kucklick 2014). *Gemeinschaftlichkeit* sieht Stalder (2016) in diesem Zusammenhang als ein zentrales Merkmal der sogenannten Kultur der Digitalität.

Die Kultur der Digitalität ist zudem von referenziellen Verfahren *(Referenzialität)* geprägt. Stalder benennt dazu Verfahren, mit denen Menschen bestehende und für die Gemeinschaft bedeutsame Inhalte und Materialen aufgreifen, verändern, umgestalten und neu definieren (vgl. Stalder 2016, S. 97). Die daraus entstehenden neuen Inhalte können dann wieder in der Gemeinschaft bedeutsam und relevant werden und zur Weiterverarbeitung herangezogen werden. Ein Beispiel hierfür ist die App „Wattpad"[2]. In dieser App haben die User die Möglichkeit bestehende (und analog verfügbare) Geschichten und Bücher, weiterzuschreiben, umzuschreiben oder auch völlig neue Geschichten einzustellen. Jede Userin und jeder User kann die entstandenen Geschichten lesen, bewerten, rezitieren, erwähnen oder erneut selbst verändern. Es entstehen so gemeinschaftliche Produkte, deren Relevanz und Bedeutsamkeit durch die User selbst bestimmt wird. Ausgewählte Geschichten werden wiederum als Bücher aufgelegt und sind analog verfügbar.

Die Vielzahl der in der Gemeinschaft entstehenden Produkte und Materialen führen dazu, dass bestehende „Gatekeeper" (Stalder 2016, S. 114), wie Massenmedien, Verlage, Bibliotheken usw., die Datenflut nicht mehr qualitativ und nach Relevanz sortieren und einordnen können. Über die Bedeutsamkeit oder auch Bedeutungslosigkeit der Produkte entscheidet daher zunehmend die Gemeinschaft, bzw. Algorithmen, die durch die Gemeinschaft beeinflusst und geprägt werden. Stalder bezeichnet mit dem Begriff *Algorithmizität* kulturelle Prozesse, die von

---

[2]Wattpad Corp, Toronto, www.wattpad.com (Zugriff: 10.10.2020).

Handlungen geprägt sind, denen Maschinen vorgeordnet sind und bei denen Algorithmen die zunehmend größer werdenden Datenströme lenken, sortieren und transformieren, um sie für die menschliche Wahrnehmung erfassbar zu machen (vgl. Stalder 2016, S. 95 f.; Kucklick 2014, S. 208). Gleichzeitig sind es auch Algorithmen, die bestimmten Inhalten Bedeutung verschaffen und in der Folge Trends verstärken oder aber auch erst generieren. Für die Schule bedeuten die von Stalder beschriebenen Merkmale der Kultur der Digitalität, dass Inhalte, Themen und Materialien verwendet werden müssen, die für die Schülerinnen und Schüler bedeutsam sind, die die Schülerinnen und Schüler gemeinschaftlich als bedeutsam definieren, die sie nutzen, um daraus weitere bedeutsame Inhalte und Materialien zu erstellen und die sie in offenen, unbestimmten Räumen mit kooperativen und kollaborativen Methoden co-kreativ bearbeiten können. Gleichzeitig bedarf es einer Fähigkeit, Algorithmen in ihrer Funktion und ihrem Aufbau zu verstehen.

Nicht nur die Auswirkungen technischer Weiterentwicklungen sondern daraus resultierende veränderte kulturelle Praktiken charakterisieren demnach die Kultur der Digitalität (vgl. Richter, Allert und Asmussen 2017, S. 30). Sie erwächst vielmehr aus einer Gemeinschaft von Individuen, die als aktive Produzenten und Mitgestalter an kulturelle Prozessen beteiligt sind, sichtbar werden und so dem Kulturbegriff eine gemeinsame geteilte, soziale Bedeutung verleihen (vgl. Richter, Allert und Asmussen 2017, S. 30) Digitalität kann demnach nicht als isolierte Eigenschaft von Objekten verstanden werden, sondern als Kulturbegriff, der in gesellschaftlichen Transformationsprozessen laufend neu bestimmt werden muss und bei dem das Digitale mit dem Subjekt in Praktiken konstitutiv verwoben ist (vgl. Richter, Allert und Asmussen 2017, S. 31 f.).

4   Schule in der Kultur der Digitalität

In Schulen sind die Auswirkungen der veränderten kulturellen Rahmung aktuell kaum erkennbar, da sich die Akteure gedanklich noch immer in erster Linie mit Fragen der Digitalisierung zur Optimierung bestehenden Unterrichts beschäftigen. Im Vordergrund steht die Anschaffung technischer Geräte, die Lernprozesse verändern sollen, ohne dass dabei veränderte kulturellen Praktiken auf allen Ebenen der Schulentwicklung[3] Berücksichtigung finden.

An einer Gemeinschaftsschule in Baden-Württemberg wurde versucht, grundlegende Veränderungsprozesse zu zu initiieren und Lehr- und Lernprozesse in der

---

[3]Dazu zählen nach (Rolff 1995) die Bereiche Organisationsentwicklung (Schulprogramm, Schulkultur, Erziehungsklima, Schulmanagement, Teamentwicklung, Elternarbeit, interne und externe Evaluation, Kooperation mit außerschulischen Einrichtungen, Budgetierung etc.), Personalentwicklung (Lehrerselbstbeurteilung, Supervision, schulinterne Lehrerfortbildung, Kommunikationstraining, Hospitationen, Mitarbeiterjahresgespräche etc.) und Unterrichtsentwicklung (Selbstlernteams, Schülerorientierung, überfachliches Lernen, Methodentraining, erweiterte Unterrichtsformen/Öffnung von Unterricht, Lernkultur etc.) (Saalfrank 2016, S. 17).

Kultur der Digitalität neu zu denken. Dazu wurden bestehende Organisationsstrukturen schrittweise verändert. An zunächst einem Tag der Woche wurde der Unterricht nach Fächern zugunsten themenorientierten Lernens aufgelöst. Ins Zentrum rückte dabei das Thema Nachhaltigkeit[4] als zentrale Herausforderung des 21. Jahrhunderts. Ziel des themenorientierten Ansatzes ist es, nicht nur Fachdisziplinen miteinander zu verknüpfen, sondern SchülerInnen Möglichkeiten und Rahmenbedingungen eröffnen, in der Gemeinschaft an einem für sie relevanten Thema zu arbeiten. Dabei verändert sich die Rolle der Lehrenden hin zu LernbegleiterInnen, die Lern- und Arbeitsprozesse ermöglichen und unterstützen. In diesem Setting wird im Rahmen gemeinschaftlicher, kreativer und produktiver Praktiken an gemeinsam entwickelten Herausforderungen gearbeitet, deren Ausgang formuliert, aber jederzeit veränderbar bleibt. Dabei „[…] dient das gemeinsame kontinuierliche Lernen, Einüben und Orientieren, der Austausch zwischen „Novizen" und die „Experten" auf dem gemeinsamen Feld […] dazu, den Rahmen der geteilten Bedeutung aufrechtzuerhalten, das konstituierte Feld zu erweitern, neue Mitglieder zu rekrutieren und den Interpretations- und Handlungsrahmen sich verändernden Bedingungen anzupassen (Stalder 2016, S. 137 f.) Themenorientiertes Lernen ist nicht mehr an vordefinierte Räume gebunden. Aus diesem Grund haben die SchülerInnen die Möglichkeit den gesamten Campus der Schule, außerschulische Lernorte oder aber Lernorte im Internet zu wählen, um an ihrem Projekt zu arbeiten. Unter den Bedingungen einer Kultur der Digitalität ist Schule weiterhin ein Lernort, aber nicht mehr der einzige. Schule öffnet sich und ermöglicht den Weg ins Quartier, holt aber auch gleichzeitig Menschen von außerhalb in die Schule hinein. Dies geschieht sowohl in analoger wie auch in digitaler Form. Die Akteure begegnen sich dadurch in ausreichend kritischer Masse und lernen voneinander und miteinander.

Die Kultur der Digitalität verändert bestehende kulturelle Praktiken, durchdringt sie und schafft eine neue Rahmung. Kinder und Jugendliche wachsen in dieser veränderten Rahmung auf, werden davon beeinflusst, gestalten sie gleichsam mit und wirken auf sie ein (vgl. Richter, Allert und Asmussen 2017, S. 31). Für Schulen bedeutet dies, auch partizipative Elemente verstärkt in den Schulentwicklungsprozess zu implementieren. Im „Roten Salon", treffen sich dreimal im Jahr Schülerinnen und Schüler, Eltern, Lernbegleiterinnen und Lernbegleiter und Menschen aus dem Quartier, um die Schule weiter zu entwickeln. Ziel der jeweiligen Treffen ist es, in gemeinsamen Aushandlungsprozessen Lösungen für bestehende Probleme zu finden, aber auch Neuentwicklung und innovative Projekte zu starten. Dazu definieren die Teilnehmerinnen und Teilnehmer eine gemeinsame Herausforderung, die sie dann in gemischten Teams angehen. Am Design Thinking[5] angelehnte Arbeitsmethoden, ermöglichen den Besuchern des

---

[4]Im Zentrum des Arbeitens stehen die sogenannten Sustainable Development Goals, 17 Nachhaltigkeitsziele, die im Jahr 2015 auf dem Gipfel der Vereinten Nationen beschlossen wurden und in die Agenda 2030 einflossen (BMZ 2017).

[5]*Design Thinking* ist eine kreative Methode zur Ideenfindung, bei der in der Regel multiprofessionelle Teams gemeinschaftlich Lösungen für eine Problemstellung entwickeln.

„Roten Salons" die gemeinschaftliche Entwicklung möglicher (Lösungs-) Prototypen, die sie am Ende des Salons dem Plenum vorstellen. Um entsprechende Ideen zu implementieren, hat sich die Schule verpflichtet, mindestens eine Lösung umzusetzen. Zu Beginn der Corona-Pandemie wurde der „Rote Salon" auf eine virtuelle Umgebung übertragen, so dass es im kommenden Schuljahr möglich sein wird, Menschen weltweit daran zu beteiligen und das Feld der „Novizen" und „Experten" zu erweitern, auch wenn diese nicht vor Ort sein können. Ergebnisse gehen aus gemeinschaftliche Aushandlungsprozessen hervor, die innerhalb eines innovativen und unbestimmten Settings stattfinden. Eine starke Regulierung würde entsprechende Prozesse dabei be- bzw. verhindern (Richter, Allert und Asmussen 2017, S. 62).

In einem von Schülerinnen organisierten Ideenbüro können alle Menschen der Schulgemeinschaft aber auch des Quartiers bei Problemstellungen oder Fragen kommen. Ziel der Akteure ist es, Fragen und Herausforderungen gemeinsam zu lösen, bzw. die Besucher mit entsprechenden Institutionen oder anderen Menschen zu vernetzen. Um situationsgerecht handeln zu können, wurden die SchülerInnen des Ideenbüros vorab zu BeraterInnen ausgebildet. Sie erhielten dazu Coachingsstunden von Mentoren eines externen Jugend- und Begegnungszentrums. Lösungsprozesse laufen im Setting des Ideenbüros nicht mehr vorgegeben oder bestimmt statt, sondern ermöglichen den SchülerInnen im gemeinschaftlichen Handeln ergebnisoffene Lösungen zu realen Problemstellungen zu finden. Das Ideenbüro beantwortet sowohl Fragestellungen aus der Elternschaft, der Lehrerkonferenz oder auch der Schülerverantwortung, die dabei bewusst in das Ideenbüro abgegeben werden. Die vom Ideenbüro gefundene Lösungen werden aufgrund des gemeinschaftlichen Entwicklungsprozesses nicht mehr einzelnen Individuen zugeschrieben, sondern der Gemeinschaft.

Neben der Umsetzung partizipativer Strukturen ändern sich in der Kultur der Digitalität auch die Schulfächer als solche. An der Schule wurde deshalb vor fünf Jahren das Projektfach L.E.B.E.N. eingeführt. L.E.B.E.N. steht dabei unter anderem als Akronym für Leidenschaft, Energie, Begeisterung, Engagement und Nachhaltigkeit. In L.E.B.E.N. übernehmen die SchülerInnen in den Jahrgangsstufen 5 und 6 innerschulische Verantwortungsjobs. So gibt es beispielsweise „Freudebereiter" deren Aufgabe es ist, in den Lerngruppen herauszufinden, ob anderen MitschülerInnen ein Problem haben, um es dann gemeinsam mit den betroffenen Akteuren zu lösen. Ab Jahrgangsstufe 7 bis 10 beteiligen sich alle SchülerInnen an außerschulische Verantwortungsjobs. Sie besuchen andere Schulen und unterstützen dort andere Kinder und Jugendliche, gehen in Altersheime, Kindergärten oder andere Institutionen und lernen in realen außerschulischen Settings. Die Lernerfahrungen, die sie an diesen Lernorten machen, ermöglichen ein „Eintauchen" in eine Kultur der Digitalität, die in allen Lebensbereichen unserer Gesellschaft bereits alltäglich und dominant geworden ist (vgl. Stalder 2016, S. 94) Die Schule als geschlossenes System erschwert Bildungsprozesse gemäß einer veränderten kulturellen Rahmung. Schulen müssen sich zukünftig öffnen, Lernerfahrungen auch außerhalb des vorgesehenen Gebäudes ermöglichen und gleichzeitig Akteure von außerhalb in die

Schule holen, um ihr Wissen, die Arbeitsweisen und -methoden und die Haltung in der Kultur der Digitalität zu teilen und (vorzu-)leben. Diese Form der Vernetzung muss gleichermaßen analog wie digital erfolgen. Schule wird dadurch zunehmend zu einem Begegnungsort, einem sogenannten „Dritten Ort", an dem Menschen in gemeinschaftlichen Prozessen miteinander lernen, sich austauschen und beteiligen und offene Lernprozesse und veränderte Lernsettings befördern und gestalten.

5 Fazit

Schule vor dem Hintergrund der Kultur der Digitalität muss sich grundlegend verändern. Während es heute in der Praxis ebenso wie im Rahmen des wissenschaftlichen Diskurses um den Einsatz von Technik und digitalen Medien geht, die im Unterricht „hilfreich sein können" (vgl. Zierer 2020, S. 77), hat sich außerhalb der Schule die Kultur der Digitalität entwickelt, die kulturelle Konstellationen aller Lebensbereiche formt (vgl. Stalder 2016, S. 94). Um der veränderten kulturellen Rahmung zu entsprechen, muss Schulentwicklung neu gedacht werden. Dazu bedarf es veränderter Lernsettings, die Aushandlungsprozesse in der Gemeinschaft fördern (vgl. Richter, Allert und Asmussen 2017, S. 30) und gleichzeitig dem Einzelnen Produktion und Mitgestaltung von (Lern-)Inhalten ermöglichen (vgl. Richter, Allert und Asmussen 2017, S. 31).

In empirischen Studien wird nach wie vor die Wirksamkeit digitaler Medien in klassischen Lernsettings erhoben, deren Effektstärken eher gering sind (vgl. Zierer 2020, S. 74). Daraus wird abgeleitet, dass der Einsatz digitaler Medien im Verständnis des Ersetzens analoger Angebote nicht zur Verbesserung des Unterrichts und der Leistungssteigerung der Kinder beiträgt. Gefordert werden infolge pädagogische Konzepte, die die Technikauswahl definieren. Dieses Vorgehen ist vor dem Hintergrund der Kultur der Digitalität äußerst differenziert zu betrachten, da es nicht um Medieneinsatz auf Basis eines bestimmten pädagogischen Konzepts geht sondern um deutliche weitreichendere Veränderungen von Schule und Unterricht. Diese lassen sich nur durch Eintauchen in eine „neue Denk-Nährlösung" (Krommer 2018a) erreichen, die die Vorstellung des Lehrens und Lernens im Kern wandelt. Auch im Bereich der Forschung gilt es deshalb zukünftig, Fragestellungen verstärkt im Kontext der veränderten kulturellen Rahmung zu reflektieren.

Literatur

Brandau, Nina, und Bastian Pauly. 2020. Digitalisierung an Schulen geht schleppend voran, Hrsg. Bitkom – Bundesverband Informationswirtschaft,Telekommunikation und neue Medien e. V. https://www.bitkom.org/Presse/Presseinformation/Digitalisierung-der-Schulen-geht-schleppend-voran. Zugegriffen: 14.September 2020.

Bratengeyer, Erwin, und Gerda Kysela-Schiemer. 2002. eLearning in Notebokklassen. Empirisch-didaktische Begleituntersuchung, Hrsg. Zentrum für Bildung und Medien. Donau-Universität Krems: Krems. https://www.forschungsnetzwerk.at/downloadpub/2003_popper_spiel_evaluation.pdf. Zugegriffen: 14.September 2020.

Bruck, Peter et. al. 1998. Noten für's Notebook. Von der technischen Ausstattung zur pädagogischen Integration, Hrsg. Techno-Z FH Forschung & Entwicklung GmbH. Salzburg. https://www.salzburgresearch.at/wp-content/uploads/2010/10/noten4notebook.pdf. Zugegriffen: 14 September 2020.

Bundesministerium für Bildung und Forschung. 2020. Digitalpakt Schule. Das sollten Sie jetzt wissen, Hrsg. Bundesministerium für Bildung und Forschung. https://www.bmbf.de/de/wissenswertes-zum-digitalpakt-schule-6496.php. Zugegriffen: 14 September 2020.

Bundesministerium für wirtschaftliche Zusammenarbeit und Entwicklung. 2017. Agenda 2030. 17 Ziele für nachhaltige Entwicklung, Hrsg. Bundesministerium für wirtschaftliche Zusammenarbeit und Entwicklung. https://www.bmz.de/de/themen/2030_agenda/17_ziele/index.html. Zugegriffen: 14 September 2020.

Engel, Olga, und Thomas Knaus. 2011. Weiss ist das neue Grün. Pro und Contra digitaler Tafeln, Hrsg. kopaed. München. https://www.pedocs.de/volltexte/2016/11699/pdf/KNaus_2011_Weiss_ist_das_neue_Gruen.pdf. Zugegriffen: 14 September 2020.

Eule, Stefanie, und Ludwig Issing. 2005. Interaktive Whiteboards, Hrsg. FU Berlin. Berlin. https://www.e-teaching.org/lehrszenarien/vorlesung/praesentation/elektronische_tafel/Whiteboards.pdf. Zugegriffen: 14. September 2020

Häuptle, Eva. 2006. Notebook-Klassen an einer Hauptschule. Eine Einzelfallstudie zur Wirkung eines Notebook-Einsatzes auf Unterricht, Schüler und Schule, Hrsg. OPUS Augsburg. Augsburg. Online verfügbar unter https://www.schwertschlager.de/paedagogik/laptop/22_reinmann_notebooks_2006.pdf. Zugegriffen: 14. September 2020.

Heckt, Dietlinde. 2005. Medien, Arbeitsmittel, Materialien. In *Handbuch Grundschulpädagogik und Grundschuldidaktik*, Hrsg. E. Wolfgang et al., 449–454. Bad Heilbrunn: Klinkhardt.

Heimann, Paul. 1962. Didaktik als Theorie und Lehre. *Die Deutsche Schule 52*: 407–427.

Kammerl, Rudolf, und Lucia Müller. 2010. Hamburger Netbook Projekt, Hrsg. Universität Hamburg. Hamburg. https://www.hamburg.de/contentblob/2685634/d6f262ca5c7def518c04d8831b7e9da4/data/netbookprojektdownl.pdf. Zugegriffen: 14. September 2020.

Kerres, Michael. 2001. Mediendidaktische Professionalität bei der Konzeption und Entwicklung technologiebasierter Lernszenarien. In Medien machen Schule. Grundlagen, Konzepte, Hrsg. Bodo Herzig. https://learninglab.uni-due.de/sites/default/files/kerres4tulo_0.pdf. Zugegriffen: 14. September 2020.

Kerres, Michael, de Witt, Claudia & Jörg Stratmann. 2002. E-Learning. Didaktische Konzepte für erfolgreiches Lernen. In *Jahrbuch Personalentwicklung & Weiterbildung 2003*, Hrsg. K.-H. von Schwuchow und J. Guttmann, 131–139. München: Luchterhand Verlag.

Kerres, Michael. 2004. Gestaltungsorientierte Mediendidaktik und ihr Verhältnis zur Allgemeinen Didaktik. https://learninglab.uni-due.de/sites/default/files/mdidaktikkerres_0.pdf. Zugegriffen: 14 September 2020.

Kerres, Michael. [4]2013. Mediendidaktik. Konzeption und Entwicklung mediengestützter Lernangebote. München: Oldenbourg Verlag.

Krommer, Axel. 2018a. Bildung unter Bedingungen der Digitalität. Warum der Grundsatz „Pädagogik vor Technik" bestenfalls trivial ist. https://axelkrommer.com/2018/04/16/warum-der-grundsatz-paedagogik-vor-technik-bestenfalls-trivial-ist/. Zugegriffen: 22. April 2020.

Krommer, Axel. 2018a. Bildung unter Bedingungen der Digitalität. Wider den Mehrwert! Oder: Argumente gegen einen überflüssigen Begriff. https://axelkrommer.com/2018/09/05/wider-den-mehrwert-oder-argumente-gegen-einen-ueberfluessigen-begriff/. Zugegriffen: 14 September 2020.

Kucklick, Christoph. [3]2014. Die granulare Gesellschaft. Wie das Digitale unsere Wirklichkeit auflöst. Berlin: Ullstein Buchverlage GmbH.

Light, Daniel, Meghan McDermot, und Margaret Honey. 2002. Project Hiller: The impact of ubiquitous portable learning technology on an urban school, Hrsg. Center for children & technology. New York. https://cct.edc.org/sites/cct.edc.org/files/publications/Hiller-Final.pdf. Zugegriffen: 14. September 2020.

Martial, Ingbert von, und Volker Ladenthin. 2002. Medien im Unterricht. Grundlagen und Praxis der Mediendidaktik. Unter Mitarbeit von Ingbert von Martial und Volker Ladenthin. Baltmannsweiler: Schneider Hohengehren.

Metis Associates. 1998. Program Evaluation: The New York City Board of Education Community School District Six Laptop Project. Hrsg. Metis Associates. https://www.metisassociates.com/. Zugegriffen: 14. September 2020.

Ministerium für Kultus, Jugend und Sport Baden-Württemberg. 2019. Digitalisierungshinweise für Schulen in öffentlicher Trägerschaft in Baden-Württemberg. Arbeitshilfe des Kultusministeriums unter Beteiligung der Kommunalen Landesverbände. https://www.lmz-bw.de/fileadmin/user_upload/Downloads/Handouts/Multimediaempfehlungen/2019_08_15-Digitalisierungshinweise.pdf. Zugegriffen: 14. September 2020.

Moss, Gemma et al. 2007. The interactive whiteboards, pedagogy and pupil performance evaluation. An evaluation of the Schools Whiteboard Expansion (SWE) Project: London Challenge. Nottingham: DfES Publications.

Nikisch, Johannes. 2009. Das Activboard an der Kirchlichen Pädagogischen Hochschule Wien/Krems. Überlegungen zum Einsatz von Interaktiven Whiteboards an Pädagogischen Hochschulen, Hrsg. Pädagogische Hochschule Krems. Krems. https://www.kphvie.ac.at/fileadmin/Dateien_KPH/Forschung/PDFs_DOCs/Aktuelle_Projekte/Nikisch_Activboard_20091020.pdf. Zugegriffen 14. September 2020.

Richter, Christoph, Michael Asmussen, und Heidrun Allert. 2017. Digitalität und Selbst. Bielefeld: Transcript Verlag.

Rolff, Hans-Günter. 1995. Autonomie als Gestaltungsaufgabe. Organisationspädagogische Perspektiven. In Schulautonomie – Chancen und Grenzen, Hrsg. P. Daschner, H.G. Rolff, T. Stryck, 31–54. Weinheim: Juventa.

Ross, Steven et. al. 2001. Anytime, Anywhere Learning. Final Evaluation Report of the Laptop Program: Year 2, Hrsg. CREP – University of Memphis. Memphis. https://www.memphis.edu/crep/. Zugegriffen: 14. September 2020.

Schaumburg, Heike 2002. Konstruktivistischer Unterricht mit Laptops? Eine Fallstudie zum Einfluss mobiler Computer auf die Methodik des Unterrichts. https://www.schwertschlager.de/paedagogik/laptop/05_schaumburg2_2002.pdf. Zugegriffen: 14. September 2020.

Schaumburg, Heike et. al. 2007. Lernen in Notebook-Klassen. Endbericht zur Evaluation des Projekts „1000mal1000: Notebooks im Schulranzen". Analysen und Ergebnisse, Hrsg. Schulen ans Netz e. V. https://beat.doebe.li/publications/not-from-me/2007-n21evaluationsbericht.pdf. Zugegriffen: 14. September 2020.

Senator George J. Mitchell Scholarship Research Institute. 2004. One-to-One Laptops in a High School Environment, Hrsg. Senator George J. Mitchell Scholarship Research Institute. https://mainegov-images.informe.org/mlti/articles/research/PCHSLaptopsFinal.pdf. Zugegriffen: 14. September 2020.

Saalfrank, Wolf-Thorsten. 2016. Schulentwicklung heute – eine theoretische Skizze. In Schulentwicklung gestalten. Theorie und Praxis der Schulinnovation, Hrsg. Ewald Kiel, Sabine Weiß, 16–29. Stuttgart: Kohlhammer.

Interaktive Whiteboards und Lernprozesse. Eine Übersicht über Fallstudien im Unterricht und Forschungsliteratur. 2004, Hrsg. SMART Technologies Inc. https://resources.smartboard.de/ec/pdf/weissbuch.pdf. Zugegriffen: 14. September 2020.

Staatsinstitut für Schulqualität und Bildungsforschung München. 2018. Medienkonzepte an bayerischen Schulen. Referat Medienbildung. https://www.mebis.bayern.de/wp-content/uploads/sites/3/2017/10/ISB_-Medienkonzepte-an-bayerischen-Schulen.pdf. Zugegriffen: 19. April 2020.

Stalder, Felix. 2016. Kultur der Digitalität. Berlin: Suhrkamp.

Tulodziecki, Gerhard. 1977. *Schulfernsehen in der Bundesrepublik Deutschland. Eine Zusammenstellung von Ergebnissen aus Begleituntersuchungen zu Projekten öffentlichen Schulfernsehens*. Köln: Verlagsgesellschaft Schulfernsehen.

Tulodziecki, Gerhard, Bardo Herzig, und Silke Grafe. 2010. Medienbildung in Schule und Unterricht. Grundlagen und Beispiele. Bad Heilbrunn: Klinkhardt (UTB, 3414).

Warnecke, Tillman, und Miriam Schröder. 2020. Erst 20 Millionen Euro bewilligt. Der Digitalpakt für Schulen kommt kaum voran. https://www.tagesspiegel.de/wissen/erst-20-millionen-euro-bewilligt-der-digitalpakt-fuer-schulen-kommt-kaum-voran/25460210.html. Zugegriffen: 14. September 2020.

Weber, Stefan. 2003. *Theorien der Medien. Von der Kulturkritik bis zum Konstruktivismus.* Stuttgart: UTB.

Weinberger, David 2014. Too big to know. Rethinking knowledge now that the facts aren't the facts, experts are everywhere, and the smartest person in the room Is the room. New York: Basic Books (Technology & Engineering).

Wieden-Bischof, Diana. 2008. Interaktive Whiteboards. Überblick und Einsatzmöglichkeiten im Unterricht. https://www.salzburgresearch.at/wp-content/uploads/2011/01/Interaktive_Whiteboards.pdf. Zugegriffen: 14. September 2020.

Witt, Claudia de, und Thomas Czerwionka. [2]2013. Mediendidaktik. Bielefeld: Bertelsmann (Studientexte für Erwachsenenbildung).

Zierer, Klaus. [3]2020. Lernen 4.0 – Pädagogik vor Technik. Möglichkeiten und Grenzen einer Digitalisierung im Bildungsbereich. Baltmannsweiler: Schneider Hohengehren GmbH.

Netz-Gespräche und „marketplace of ideas" – was digitale Plattformen für politische Kommunikation bedeuten

Philippe Wampfler

Zusammenfassung

Die Analyse von politischer Kommunikation auf digitalen Plattformen zeigt, dass die Kultur der Digitalität zu komplexen Formen von Beeinflussung geführt hat. Politische Kampagnen und Marketingarbeit setzen Strategien ein, die mit der Affordanz digitaler Plattformen zusammen verschiedene Formen von Machtverhältnissen zum Verschmelzen gebracht haben. Daraus ergibt sich, dass die Vorstellung von Medienkompetenz überdacht werden müssen, weil nur situiertes Erfahrungswissen Aufschlüsse über die Funktionsweise politischer Kommunikation auf digitalen Plattformen geben kann.

Schlüsselwörter

Memes · Rezo · Digitale Plattformen · Marktplatz der Ideen · Kultur der Digitalität · Medienkompetenz

1 Einleitung

„Kann Spuren von Politik enthalten", lautete die Kopfzeile auf der Bravo-Titelseite (vgl. Abb. 1) vom 19. Juni 2019. Der Hinweis, eine Anspielung auf Warnung auf Lebensmitteln, wies einen doppelten Bezug auf: Einerseits bezog er sich auf die Ausgabe des Magazins, in der offenbar auch politische Themen verhandelt werden sollten; andererseits war er als Kommentar zu den auf dem Cover abgebildeten

P. Wampfler (✉)
Zürich, Schweiz

© Der/die Autor(en), exklusiv lizenziert durch Springer-Verlag GmbH, DE, ein Teil von Springer Nature 2021
U. Hauck-Thum und J. Noller (Hrsg.), *Was ist Digitalität?*, Digitalitätsforschung / Digitality Research, https://doi.org/10.1007/978-3-662-62989-5_8

Abb. 1 *Bravo*-Cover, 19. Juni 2019

Influencern gedacht: Rezo, Julian Bam und Greta Thunberg stehen für eine Generation von Stars, die auch politisch argumentieren („So setzt du dich durch!").

Der Bravo-Hinweis ist ein Signal dafür, dass im Sommer 2019 ein Bewusstsein dafür entstand, dass in digitalen Formen von Jugendkultur auch politische Fragen verhandelt und Aktivismus betrieben wird. Der folgende Beitrag geht den Fragen nach, wie politische Kommunikation auf digitalen Plattformen mit jugendlichem Zielpublikum zu charakterisieren ist und welche Konsequenzen sich daraus für den Aufbau von Medienkompetenz ableiten lassen.

Politische Kommunikation wird dabei breit als die aktive Gestaltung von meinungsbildungsbildenden Prozessen verstanden. Letztlich geht es dabei um die Frage, wie digitale Machtverhältnisse zu denken sind. Die Kultur der Digitalität (Stalder 2016) – so die zentrale These dieses Beitrags – wirkt auf diese Prozesse so ein, dass Strategien der Beeinflussung und Machtmittel der Netzkommunikation deliberative Formen der Überzeugung als reines Ideal erscheinen lassen.

2 Digitale Plattformen und Memes

Die Funktionsweise digitaler Plattformen lässt sich an Beispielen veranschaulichen. Memes dienen als einleitendes Beispiel, um aktuelle Formen politischer Kommunikation zusammen mit ihrer digitalen Verbreitung analysieren zu können.

2.1 Memes

„An Internet meme is a piece of culture, typically a joke, which gains influence through online transmission." Diese Definition von Davison (2014, S. 122) fasst das Meme-Verständnis, das in der Jugendkultur vorherrschend ist, treffend zusammen. Dieses Verständnis wird teilweise verengt, dann gelten nur statische Bild-Text-Kombinationen als Memes. Gleichzeitig gibt es auch eine philosophisch weitere Definition des Meme-Begriffs: von Bülow (2013, S. 318) bezeichnet „Meme" als einen „von R[ichard] Dawkins in Analogie zum Begriff Gen geprägte[n] Begriff für Einheiten, in denen Kultur weitergegeben wird (bzw. „Einheiten der Imitation"), die einem darwinistischen […] Evolutionsprozeß unterliegen". Darunter fallen dann auch einflussreiche Ideen und Erfindungen wie Arbeitsteilung oder Modeerscheinungen in Subkulturen, die Nachahmungseffekte auslösen. Die weite Definition stellt alleine auf das Merkmal der Viralität ab: Memes finden durch soziales Lernen Verbreitung.

Entstand die Meme-Theorie Dawkins Ende der 1970er-Jahre als Beitrag zur Frage zum Zusammenhang von Kultur für die Evolution spielt, wird der Begriff für Internet-Kommunikation im Sinne von Davison seit den frühen 1980er-Jahren verwendet. Davison (2014, S. 124) behauptet, Emoticons, also Gesichter, die sich mit typografischen Zeichen darstellen lassen, seien die frühesten Formen von Internet-Memes. Das leuchtet ein, handelt es sich doch dabei um ein kommunikatives Muster, das repliziert und modifiziert werden kann. Wer Emoticons versteht, kann sie in weiteren Chats einsetzen (Davison spricht dabei von „manifestation") und eigene Varianten erzeugen. So entsteht eine kommunikative Entsprechung zu den Kernmechanismen der Evolution:

Replikation, Variation und Selektion bestimmen, welche Memes wahrgenommen und verbreitet werden.

Das Aufkommen und die Verbreitung des Web 2.0 bzw. Social Media in den frühen 2000er-Jahren machte Anwenderinnen und Anwender im Netz zu „Prosumierenden": Während sie bestimmte Informationen rezipieren, können sie andere produzieren. Dadurch erweiterte sich der Spielraum von Memes, ergänzt durch höhere Bandbreiten, welche die Kommunikation mit Bildern und Videos ermöglichte.

2.2 Das Beispiel #ww3

Die Spannungen zwischen den USA und dem Iran nach der Ermordung des iranischen Generals Qasem Soleimani haben im Januar 2020 viele Menschen beschäftigt. Entsprechend entstanden auf digitalen Plattformen eine Reihe von Beiträgen. Treiber waren besonders auch die Trends, welche die Aufmerksamkeitsökonomie von Nutzerinnen und Nutzern steuern: Die Hashtags #ww3 und #wwIII (im Folgenden wird abgekürzt nur #ww3 verwendet) begannen in der ersten Januarwoche 2020 zu trenden. Beiträge, die mit diesen Schlagworten versehen waren, wurden also von digitalen Plattformen wie Instagram, Twitter und TikTok mit mehr Reichweite versehen. So ergab sich ein Anreiz, solche Beiträge herzustellen.

Abb. 2 zeigt ein typisches Meme, das in dieser Zeit aufgekommen ist: Die Autorin greift auf eine bekannte Vorlage zurück, auf das „Kombucha Girl"-Meme. Es beruht auf einem TikTok-Video einer Frau, die zum ersten Mal Kombucha trinkt und sich dabei filmt (Emanuel 2019). Die Mimik zeigt dabei widersprüchliche Gefühle gegenüber der Erfahrung. Der Tweet in Abb. 2 zeigt zwei Bilder aus dem Video, mit denen unterschiedliche Haltungen ausgedrückt werden erstens zu einem drohenden Weltkrieg und zweitens zur Frage, ob es angebracht sei, Scherze über einen Krieg zu machen.

Kommentare in etablierten Massenmedien zeigten einen kritischen Blick auf diese Memes. Dettwiler und Stauffacher (2020) schrieben etwa in der NZZ:

> Nicht alle Social-Media-Nutzerinnen und -Nutzer machen sich über den Konflikt lustig, einige befürchten tatsächlich den Ausbruch eines weltweiten Krieges. Und ohne seriöse Einordnung verbreitet sich diese diffuse Angst in den sozialen Netzwerken immer weiter.

Bezogen war diese Kritik, für die auch ein Auslandredaktor der NZZ einbezogen wurde, insbesondere auf ein TikTok-Video einer Münchner Influencerin. Die 18-jährige Laura Sophie hatte in einem Video vor einem Ausbruch eines Weltkriegs gewarnt und darin erklärt, Deutschland und Frankreich könnten aufgrund ihrer Nato-Mitgliedschaft gegebenenfalls schnell in einen Krieg eintreten müssen. Nachdem das Video im Netz virale Aufmerksamkeit erhielt, erreichten die junge Frau nach eigenen Angaben „viele negative, verletzende und hasserfüllte Nachrichten" (Petter 2020). Sie beschreibt ihre Absichten in einem Interview wie folgt (Petter 2020):

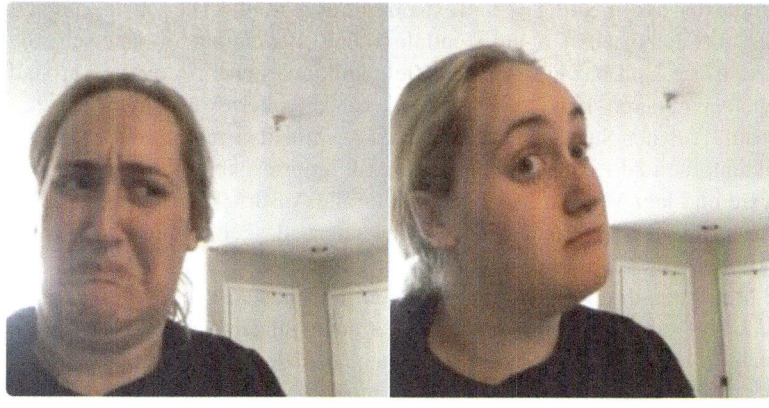

Abb. 2 WW3-Meme, Twitter @christaluhlove, 4. Januar 2020

> Ich habe auf TikTok bemerkt, dass viele in meiner Zielgruppe nichts über den Konflikt zwischen der USA und dem Iran mitbekommen haben. Der Hashtag WW3 ist aber seit Tagen sehr populär. Deshalb wollte ich ein Video aufnehmen, in dem ich die Situation so erkläre, wie ich sie durch die Medien verstanden habe. Ich hatte wirklich eine gute Absicht. […].
> Ich informiere mich vor allem auf YouTube und verschiedenen Nachrichtenseiten. Vom Iran-Konflikt habe ich abends in der Tagesschau mitbekommen. Außerdem habe ich ein Interview auf n-tv.de gesehen, in dem es um eine mögliche Beteiligung Deutschlands an einem Krieg mit dem Iran ging. Auch bei meinen anderen Videos über gesellschaftliche Themen betreibe ich vorher immer Recherche. Dieses Mal waren anscheinend die falschen Quellen dabei.

Nach dieser Reaktion erschien bei *Bayern 2 Zündfunk* unter dem Titel #failoftheweek eine Kritik der Kritik an Laura Sophie (Schiffer 2020):

Und der erfahren[]e [NZZ-]Auslandredaktor Beat Bumbacher ließ sich nicht zweimal bitten und boomerbachersplainte stabil: „Das ist Weltpolitik aus einer fast kindlichen Sicht."
    No Shit, Sherlock! Ein Fast-Noch-Kind sieht die Weltpolitik aus einer fast kindlichen Sicht! Das ist erstens nicht überraschend und zweitens nicht schlimm. Erwachsene liegen bisweilen auch daneben: Jakob Augstein schrieb 2016 noch im Spiegel, dass Donald Trump, wenn es um den Weltfrieden gehe, allen Ernstes die bessere Wahl sei als Hillary Clinton.

Das Beispiel zeigt, wie Kommunikation über politische Themen auf digitalen Plattformen abläuft: Verschiedene Perspektiven und emotionale Haltungen werden in komplexen und mehrdeutigen Textsorten ausgedrückt. Die entstehenden Texte (Memes, Videobotschaften etc.) entfalten ihre Bedeutung in unterschiedlichen Kontexten, sie sind bezogen auf ein Zielpublikum, stehen in einem Verbund mit zahlreichen anderen kurzen Texten und weisen intertextuelle Bezüge zu Vorlagen auf. Aus der Sicht der etablierten Massenmedien fehlt es diesen Beiträgen an Faktentreue und Einordnung. Diese Kritik ignoriert aber gerade die relevanten Kontexte und legt Maßstäbe an jugendkulturelle Ausdrucksformen, welche diesen einerseits fremd sind, andererseits ausblenden, dass hier nicht professionelle Redaktionen ein zahlendes Publikum über das Weltgeschehen aufklären, sondern junge Menschen ihre Einschätzung anderen jungen Menschen mitteilen. In dieser Kritik klingt ein Topos mit, der Informationen junger Menschen grundsätzlich abwertet. Frauen sind von diesem Phänomen besonders betroffen.
    Die Möglichkeit, sich direkt an andere zu wenden, prägt politische Kommunikation auf digitalen Plattformen. Im Vordergrund der #ww3-Memes steht nicht der konkrete Konflikt im Iran, ausgedrückt werden primär Gefühle und Selbstreflexion in Bezug auf die Wahrnehmung dieses Zeitgeschehens. Wenn Laura Sophie davon spricht, Deutschland könnte in diesen Krieg reingeraten, drückt sie eine reale Angst aus, auch wenn sie aus Sicht von Fachpersonen möglicherweise eine unwahrscheinliche Prognose vornimmt.
    Aber auch die Influencerin vermag nicht alle Effekte ihrer Kommunikation einzuschätzen: Sie hat nicht damit gerechnet, dass ihr Video auf anderen Plattformen einem Publikum vorgelegt wird, das bereit ist, sich an Jugendlichen abzuarbeiten. Wer auf digitalen Plattformen kommuniziert, kann die Kontexte, in welchen Publiziertes wahrgenommen und bearbeitet wird, nicht steuern.
    Das zeigt sich auf den zwei Ebenen der Kommentare aus den Redaktionen der etablierten Qualitätsmedien: Während Dettwiler und Stauffacher in ihrem NZZ-Kommentar (2020) die problematischen Aspekte einer Information von Jugendlichen durch andere Jugendliche im Netz konstatieren, relativiert Schiffer für Bayern 2 (2020), indem er mit jugendsprachlichen Versatzstücken vorführt, wie lächerlich der erwachsene Tadel auf Jugendliche wirken könnte.

3 Situiertheit und Positionalität

Memes sind ein Beispiel dafür, dass Kommunikation auf digitalen Plattformen situiert ist. Was heißt das? Wie Stalder in „Kultur der Digitalität" (2016) dargelegt hat, entstehen kulturelle Bedeutungen unter den Bedingungen der Digitalität durch Aushandlungsprozesse, welche durch Algorithmen, Referenzen und Gemeinschaftlichkeit bestimmt sind. Das lässt sich an den Memes rund um #ww3 gut zeigen: Ihre Sichtbarkeit und damit auch Anreize für ihre Entstehung bestimmen Algorithmen, die so programmiert sind, dass Userinnen und User möglichst viel Zeit auf den entsprechenden digitalen Plattformen verbringen (und dabei das tun, was sich verkaufen lässt, also etwa auf Werbelinks klicken oder gesponserte Beiträge wahrnehmen). Die Memes weisen Bezüge zu Vorlagen auf, die wiederum in komplexen Verweisstrukturen stecken. Die Beiträge entstehen in einer Community, welche damit bestimmte Haltungen und Zugehörigkeiten ausdrückt: beispielsweise die Kombination einer Angst vor einem Krieg mit einer humoristischen Abwertung dieser Angst, dem Versuch einer Beruhigung durch Meme-Produktion. Zu diesem Ausdruck tritt das Bedürfnis, sich altersgemäß zu informieren, der Versuch, eine Kampagne für oder gegen einen möglichen Krieg durchzuführen, sich zu amüsieren oder Aufmerksamkeit für das persönliche Profil zu generieren. Alle diese Absichten stehen nebeneinander, haben aber einen sozialen Bezug, sie richten sich auf eine kommunikativ verbundene Gemeinschaft.

Diese unterschiedlichen Aushandlungsprozesse und Perspektiven auf digitale Kommunikation führen zur grundlegenden Einsicht, dass Zeichenstrukturen respektive Texte in vielfältigen Kontexten situiert sind, ihre Beobachtung und kommunikative Verwendung dabei immer nur aus einer spezifischen Position erfolgen, nie objektiv oder neutral sein können.

Felix Stalder formuliert diese Einsicht im Hinblick auf Bildungsprozesse. Er geht dabei von einem Wissensparadigma aus, das Distanz und Objektivität als Voraussetzung kritischen Denkens sieht. In einer Kultur der Digitalität wandelt sich aber der Zugang zu Wissensinhalten:

> Was wir heute erleben, ist eine grundlegende Veränderung der Art, wie Wissen generiert und dargestellt wird. Die Digitalität – verstanden als von digitalen Technologien geprägte Bedingung, wie wir etwas über die Welt erfahren und wie wir mit der Welt verbunden sind – erlaubt uns, andere Beziehungen zu knüpfen, neue Muster der Darstellung zu suchen und den bisherigen Mustern zu misstrauen. Die Dinge kommen oft wesentlich direkter und weniger oder anders gefiltert auf uns zu als früher.
> [...] Mit steigender Komplexität werden die Dinge so vielschichtig und vernetzt, dass der Charakter des einzelnen Dings sehr wandelbar wird. Je nachdem, in welchem Zusammenhang die Dinge stehen, kann es sein, dass sie kaum mehr als einzelne Phänomene erfassbar sind. Damit wird auch die Positionalität des Betrachters extrem wichtig, weil sie ja an der Herstellung der Zusammenhänge beteiligt ist. Die Dinge sehen aus verschiedenen Orten und Blickwinkeln unterschiedlich aus, was dem Ganzen eine zusätzliche Dynamisierung verleiht und die Komplexität weiter erhöht. (Stalder 2019, S. 46).

#ww3 zeigt deutlich, dass Zusammenhänge „aus verschiedenen Orten und Blickwinkeln unterschiedlich" aussehen: Auf die Journalistinnen und Journalisten der NZZ wirkt ein TikTok-Video anders als auf seine 18-jährige Autorin, auf ihr Publikum wohl noch einmal anders als auf ein jugendkritisches Segment der Bevölkerung im Netz, wiederum anders wird es von einem mit Jugendkultur vertrauten Journalisten eingeschätzt. Das Video ist grundsätzlich situiert, d. h. es kann nur aus Perspektiven wahrgenommen werden – und wer auch immer es betrachtet, tut das aus einer spezifischen Position. Die Vorstellung, das habe für kulturelle Produkte schon immer gegolten, muss mit Vorsicht betrachtet werden: Weil Web-Videos über digitale Plattformen wahrgenommen werden.

4 Digitale Plattformen

Anstelle des unscharfen Begriffs „Social Media" hat sich in den letzten Jahren der Begriff der Plattform durchgesetzt, um über die Organisationsform digitaler Kommunikation zu sprechen. Michael Seemann definiert Plattformen als „intern homogene, institutionelle Infrastrukturen zum gegenseitigen Austausch, die sowohl Netzwerkeffekte als auch Emergenzphänomene hervorbringen" (Seemann 2014, S. 115). Gehen wir von Web-Plattformen oder eben digitalen Plattformen aus, dann findet dort zwischen Profilen ein Austausch über Kommunikation statt. Dieser Austausch wie auch die Profile sind standardisiert, weil die Informationen in vorgegebenen Datenbanken gespeichert und in festgelegten Formaten ausgegeben werden (das ist die Bedeutung von „intern homogen"). Der Netzwerkeffekt, der dabei entsteht, besagt, dass der Nutzen einer Plattform von der Anzahl der Teilnehmenden abhängt. Benutzen praktisch alle Jugendlichen und jungen Erwachsenen einen Instagram-Account, so hat dieses Netzwerk für junge Menschen einen hohen Wert, weil die Wahrscheinlichkeit sehr groß ist, bestimmte Formen von Austausch auf Instagram vornehmen zu können. Weil Jugendliche eher selten Facebook benutzen, ist der Nutzen dieser Plattform deutlich geringer.

Neben den Netzwerkeffekten bezeichnet Seemann „Emergenzphänomene" als zweite Eigenschaft digitaler Plattformen. Damit ist gemeint, dass spontane Strukturen entstehen können, die zwar auf den standardisierten Vorgaben beruhen, aber im Design grundsätzlich nicht vorgesehen waren. Ein Beispiel dafür sind Meinungsumfragen, welche die Like- und Kommentar-Funktion von Plattformen benutzen. Die Mitlesenden werden dabei aufgefordert, eine Frage zu beantworten: Ein Like bedeutet dabei beispielsweise ‚ja', ein Kommentar ‚nein'. Die technisch standardisierten Rückmeldemöglichkeiten werden emergent mit einer neuen Funktion versehen – die einen zweiten emergenten Effekt hat: Weil die Algorithmen, welche die Sichtbarkeit von Beiträgen steuern, Likes und Kommentare in ihre Berechnungen einbeziehen, kann so mit den Mitteln der Plattform erreicht werden, dass Posts eine größere Reichweite erhalten, als die Plattform ursprünglich errechnet hatte.

Digitale Plattformen sind also standardisierte Datenbanken, welche von Benutzerinnen und Benutzern gefüllt werden. Die Nutzung dieser Datenbanken kann mit drei Merkmalen beschrieben werden, die in der einschlägigen Definition von Ellison und Boyd (2013, S. 158) verbunden werden:

1. Auf Plattformen interagieren identifizierbare Profile, die durch User, Drittuser oder automatisch durch die Datenbank bereitgestellte Inhalte gefüllt werden.
2. Sie können Verbindungen und Beziehungen zwischen Usern öffentlich ausdrücken, so dass andere sie einsehen und nachvollziehen können.
3. Sie können Nachrichtenflüsse von Inhalten, die User durch ihre Verbindung mit dem Netzwerk generiert haben, hervorbringen oder zum Konsum beziehungsweise zur Interaktion anbieten.

Der dritte Punkt ist entscheidend: Die Userinnen und User bringen Inhalte bzw. Nachrichtenflüsse hervor, indem sie mit der Plattform interagieren. So gibt es etwa kein „Instagram" oder „TikTok" in dem Sinne, wie es einen Roman oder Film gibt, die sich allen Betrachtenden einheitlich präsentieren. Jede Userin und jeder User hat ihre spezifische Ansicht von Instagram oder TikTok, der sich der jeweiligen Verwendung der Plattform anpasst. Digitale Plattformen führen also dazu, dass es nur situiertes Wissen gibt und die Positionalität im sozialen Netzwerk entscheidend für seine Wahrnehmung wird.

Abb. 3 zeigt einen Cluster-Analyse eines Twitter-Hashtags. Die Grafik von Luca Hammer (2019) zeigt, welche Profile mit welchen anderen interagieren. Dabei bilden sich Cluster, d. h. Gruppen von Benutzerinnen und Benutzern, welche die Inhalte gegenseitig weiterverbreiten (re-tweeten). Die Cluster bilden auch politische Einstellungen ab: Rechts oben sind die Cluster zu sehen, die tendenziell einen Mietendeckel in Berlin befürwortet haben, links unten diejenigen, die eher dagegen sind.

Was Eli Pariser (2011) mit dem Begriff „Filter Bubble" bezeichnet hat, kann zunächst deskriptiv gelesen werden: Die Profile sind in ihrer Wahrnehmung beschränkt, sie sehen Inhalte innerhalb ihres Clusters oder innerhalb ihrer Blase. Im Untertitel seines Buches – „What the Internet Is Hiding from You" – erzeugt Pariser aber die Vorstellung, auf digitalen Plattformen würden bestimmte Inhalte versteckt. Von der Struktur digitaler Plattformen aus betrachtet ist das kein intentionaler Effekt. Das Design der entsprechenden Programme maximiert „Engagement", d. h. es werden diejenigen Inhalte aus der Datenbank angezeigt, die Userinnen und User voraussichtlich dazu bewegen, auf der Plattform zu bleiben und darauf aktiv zu sein. Ziel ist insbesondere, dass sie auf Werbung klicken. Limitierender Faktor ist dabei die Aufmerksamkeit: Nicht angezeigte Inhalte werden nicht ausgeblendet, sie werden einfach nicht eingeblendet. Die Algorithmen passen sich den Nutzenden und ihrer Aufmerksamkeitssteuerung an. Der Medienwissenschaftler Richard Fletcher unterscheidet in seiner Kritik am Konzept der Filterblase „self-selected personalisation" und „pre-selected personalisation" (Fletcher 2020): Menschen nehmen bestimmte Informationen nicht wahr, weil sie sie bewusst ausblenden, indem sie beispielsweise Teile einer Zeitung nicht lesen oder Webportale nicht aufrufen. Digitale Plattformen nehmen aber solche Selektionen automatisiert vor. Fletcher hat in seiner Forschung untersucht, was das bedeutet. Er konnte

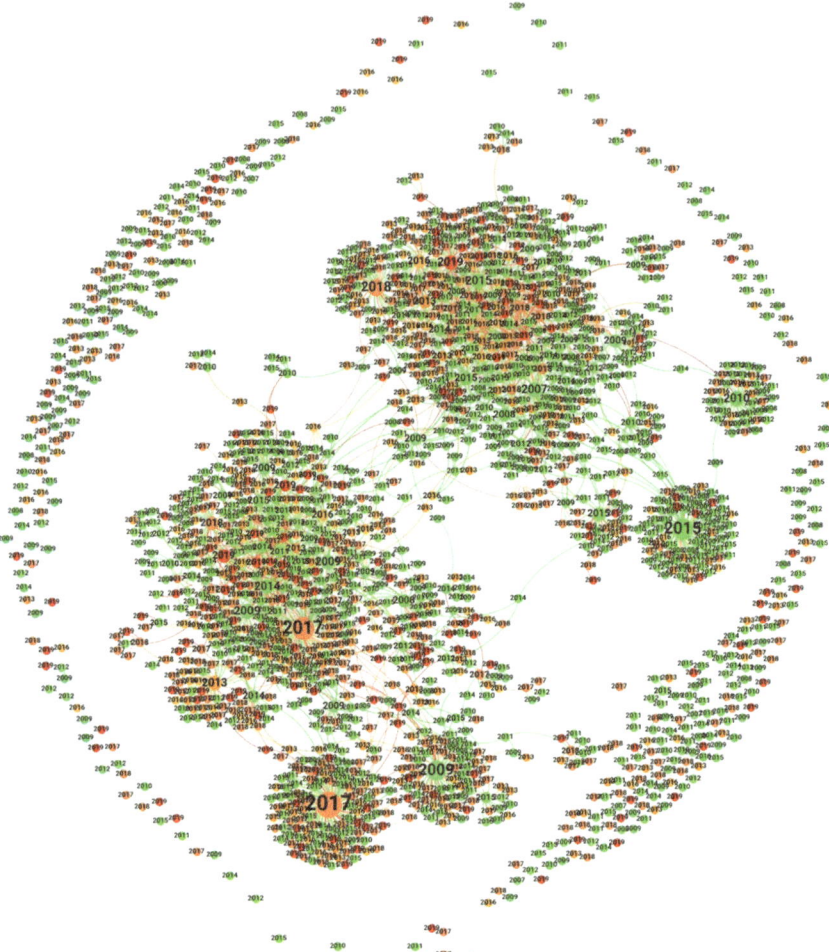

Abb. 3 Twitter @luca, 23. September 2019. Cluster-Analyse des Hashtags #mietendeckel. Umfasst 1800 Accounts mit 3909 Tweets mit dem Hashtag, 13.–23. September 2019. Konten mit dem Jahr ihrer Erstellung beschriftet. (Quelle: Hammer 2019)

nachweisen, dass Menschen, die primär Online-News konsumieren, diversere Informationen erhalten als diejenigen, welche Nachrichten über nicht-digitale Massenmedien wahrnehmen. Digitale Plattformen verengen also nicht primär die Themenbreite. Vielmehr binden sie die Aufmerksamkeit mit polarisierenden Beiträgen: Youtube schlägt etwa immer extremere Videos vor, um User bei Laune zu halten.

Die Plattformen schließen sich dabei ab: Waren Links ein wichtiges Werkzeug im Netz der 1990er-Jahre, so erlaubt Instagram regulären Konten (also solche, die weder verifiziert sind noch Anzeigen schalten) lediglich einen Link. Auch journalistische Plattformen haben dieses Verfahren übernommen: Sie verlinken in Texten andere Artikel auf derselben Plattform, verweisen aber sehr selten auf Beiträge anderer Anbieter.

5 Die Affordanz geschlossener Plattformen

In Ihrem Buch Sprache und Sein vergleicht Kübra Gümüşay (2020, S. 121) das Verhalten von Menschen in einem Restaurant mit dem auf sozialen Plattformen:

> Stellen Sie sich vor, ein Mann betritt ein Restaurant und fängt an, die Bedienung zu beschimpfen. Die anderen Gäste im Restaurant werfen ihm abschätzige Blicke zu, schütteln energisch den Kopf, gehen gar dazwischen. Die temporäre Aufmerksamkeit, die sie dem schimpfenden Mann geben, dient der Zurechtweisung. Sie signalisieren ihm damit: Ein solches Verhalten ist hier unerwünscht, und vermutlich würde er das Restaurant wütend verlassen, dessen verwiesen werden oder sein Verhalten ändern und sich entschuldigen.
>
> Würde der gleiche Mann jedoch auf einer sozialen Plattform schimpfen, würde er nicht sanktioniert werden, seine Empörung würde ihm im Gegenteil eine größere Reichweite verschaffen. Je stärker die Reaktion auf sein Verhalten, desto mehr Blicke sind auf ihn gerichtet, desto mehr Menschen hören ihm zu und verschaffen seinen Worten den Anschein von Relevanz. Mit jeder Provokation, jedem Skandal wächst sein Publikum. Und irgendwann fragen wir uns, warum er eigentlich so bekannt und einflussreich ist.

Gümüşay beschreibt hier die Affordanz geschlossener digitaler Plattformen: Menschen nutzen ein Restaurant mit einem bestimmten Fokus (um ein Gespräch zu führen, das Essen zu genießen etc.). Der schimpfende Mann ist eine Störung, eine Ablenkung. Deshalb liegt ihnen daran, den Effekt seines Verhaltens zu minimieren.

Auf digitalen Plattformen wird das Verhalten von Algorithmen, Gemeinschaften und Referenzen gesteuert. Wer sich also auf den schimpfenden Mann bezieht, kann dadurch soziale und algorithmische Effekte erzeugen. Die Kritik am Mann kann genauso verbinden wie die Unterstützung des Mannes gegenüber einem scheinbar vereinten Mainstream. Die Plattform schafft so Anschlüsse für ganz unterschiedliche Menschen, die nicht deshalb zusammenkommen müssen, weil sie sich für dasselbe Restaurant entschieden haben. Hinzu kommt, dass diese Menschen bestimmte Anliegen und Ziele haben, die sie nur verfolgen können, wenn die Algorithmen ihnen Sichtbarkeit geben. Übertragen aufs Restaurant funktioniert diese Affordanz so, dass eine Bestellung nur aufgenommen wird, wenn genügend Menschen einen anstarren. Unter diesen Bedingungen wäre es dann ganz einleuchtend, dem schimpfenden Mann laut zuzustimmen oder ihn mit einer Replik an Lautstärke zu übertreffen.

Würden wir ein Restaurant, in dem alle Menschen zu Schreihälsen werden müssen, schnell verlassen, so passiert das auf digitalen Plattformen nicht, weil sie geschlossen sind und der Netzwerkeffekt spielt.

Die Schließung digitaler Plattformen hat also Kommunikation verändert, sie beeinflusst den Selektionsprozess der Informationsevolution: Verbreitet werden Informationen, welche in Bezug auf Verweise, Wahrnehmung von Gemeinschaften und Reaktion der Algorithmen Wirkung erzeugen können.

6   Der Markplatz der Ideen

In kritischen Diskussionen über Netzkultur finden sich immer wieder Bezüge auf das Ideal eines Wettstreits sachlicher Argumente, von denen sich dann das bessere durchsetzen sollte (vgl. exemplarisch Ingold 2020 und Wagner 2019). Die Formulierung tauchte erstmals in *United States v. Rumley* von 1953 auf, einem Fall des Supreme Court, der grundsätzliche Fragen der Meinungsfreiheit behandelte. Das Urteil schützte die Rechte eines Verlegers, die Namen seiner Kunden vertraulich zu behandeln. In der Begründung heißt es: „This publisher bids for the minds of men in the market place of ideas." (United States v. Rumley) Im Zusammenhang mit Meinungsfreiheit wird die Formulierung oft mit den Konzepten aus John Stuart Mills *On Liberty* in Verbindung gebracht, auch wenn dessen Vorstellung des Grundrechts mit der Formulierung nicht zu vereinbaren sind (vgl. Gordon 1997).

Die Rede vom „Marktplatz der Ideen" evoziert eine spezifische Vorstellung einer Aufmerksamkeitsökonomie: Mediale Angebote erscheinen auf Marktständen, wo sie hinsichtlich enthaltener Ideen oder Argumente in einen Wettbewerb treten. Interessierte wählen dann in diesem Bild die beste Idee oder das stärkste Argument aus.

Diese Vorstellung kann nun auf zwei Ebenen angesiedelt werden: Einerseits handelt es sich um eine Beschreibung von Meinungsbildungsprozessen, wie das beispielsweise im zitierten Urteil der Fall ist. Es geht davon aus, Menschen würden sich tatsächlich auf einem „Marktplatz" informieren. Andererseits kann mit dem Marktplatz-Bild ein Ideal einer deliberativen Demokratie beschrieben werden. Daraus ergeben sich dann Bedingungen, unter denen demokratische Meinungsbildung bestenfalls stattfinden könnte.

6.1   Kritik an der Idee

Obwohl das Bild von einem „Marktplatz der Ideen" immer wieder deskriptiv bemüht wird, lassen sich die damit verbundenen Vorstellungen bei einer Prüfung der realen existierenden Informationsökonomie nicht halten. Das zeigen insbesondere die politische Kommunikation und die Jugendkultur auf digitalen Plattformen.

Die Diskussion von Hashtags wie #ww3 ist ein Beispiel dafür, dass Meinungen und Ideen auch geäußert werden, um von algorithmischer Verteilung von Aufmerksamkeit zu profitieren. Auf dem bildlichen Marktplatz werden einem Publikum also nicht Angebote unterbreitet, die es vergleichen und aus denen es dann das überzeugendste auswählen kann. Vielmehr gibt es auch Scheinangebote, Fallen und Verzerrungen. Die Absichten, mit denen Akteure auf Plattformen agieren, sind ganz unterschiedliche. Verbreitet sind Marketing und Campaigning, Verfahren um etwas zu verkaufen oder zu überzeugen. Beides tritt aber in unterschiedlichen Spielarten auf.

Ein Beispiel aus der politischen Kommunikation kann das verdeutlichen: Im Juni 2019 hat der britische Radiosender *talkRadio* ein Interview mit dem Premierminister Boris Johnson ausgestrahlt. Darin spricht der Politiker scheinbar wirr über sein liebstes Hobby: Aus alten Holzkisten Busmodelle bauen und bemalen. In Kommentaren wurde kurz darauf die Vermutung aufgebracht, Johnson habe damit gezielt Suchresultate beeinflussen wollen: Er habe damit gerechnet, dass seine komischen Ausführungen im Netz Verbreitung finden würden (Eisenbrand 2019; Stokel-Walker 2019). Damit legte sich eine Informationsschicht über die Kritik an der „Vote Leave"-Kampagne, in deren Verlauf Verantwortliche mit Werbeanzeigen auf Bussen versprochen hatten, nach dem Austritt aus der EU pro Woche 350 Mio. britische Pfund ins Gesundheitssystem zu investieren. Was also zunächst wie ein peinlicher Fehler aussieht, war möglicherweise ein strategischer Schachzug, um Suchresultate zu beeinflussen. Johnson schuf also keine Möglichkeit, uns eine Meinung über seine Person oder seine Politik zu bilden, sondern provozierte Reaktionen, um Algorithmen zu beeinflussen. Ähnliche Manöver gibt es zahlreiche. Die Absichten hinter vielen Kommunikationsverfahren können nur mit Schwierigkeiten entschlüsselt werden.

Hinzu kommt, dass nicht alle Akteure an einer vernünftigen Meinungsbildung interessiert sind. Gerade die Diskussion rund um „Fake News" zeigt, dass teilweise das Vertrauen in die Möglichkeit, sich auf Plattformen eine Meinung zu bilden, gezielt gestört wird. Die Alt-Right-Bewegung setzt (ähnlich wie Propaganda in Diktaturen) gezielt Verfahren ein, um die Orientierung in der Gesellschaft zu erschweren, um Menschen daran zu hindern, überhaupt erkennen zu können, welches das beste Argument oder eine sinnvolle politische Handlung ist.

Nicht nur die Seite der Informations-Produktion lässt Zweifel an der Marktplatz-Beschreibung aufkommen, auch die Medienrezeption lässt es wenig sinnvoll erscheinen, den Einkauf von Obst mit Meinungsbildung zu vergleichen. Das Konzept des *Overton-Window* postuliert, dass Meinungen sich in einem normierten Spektrum verorten lassen. An den Rändern dieses Spektrums werden Meinungen so extrem, dass sie Sanktionen nach sich ziehen, die Menschen davon abhalten, sich damit zu befassen. Geht man davon aus, dass Menschen Meinungen in diesem *Overton-Window* wahrnehmen, so können Menschen auf zwei Arten beeinflusst werden: Indem sie überzeugt werden, ihre eingenommene Position zu verschieben und ihre Meinung zu ändern. Oder indem die Ränder verschoben werden. Extreme Vorstellungen im Netz dienen oft dazu, die Grenzen des Denk- und Sagbaren zu verschieben.

Etwas verallgemeinert kann die mit dem Konzept von Frames – definiert als „gedanklichen Deutungsrahmen" (Wehling 2016, S. 17) – davon ausgegangen werden, dass Überzeugungen und politische Entscheidungen nicht in rationalen

Vergleichs- und Auswahlprozessen gefällt werden, sondern vielmehr komplexe Prozesse sind, bei denen sich (sprachliche) Bilder, Vorwissen, Erfahrungen, Überzeugungen und selektiv wahrgenommene Informationen vermischen (Wehling 2016, S. 17).

Politische Kommunikation unterbreitet nun kein Angebot auf einem transparenten Markt, sondern wirkt auf einzelne Elemente der vielfältigen Entscheidungsgrundlage ein. Sie kann Informationen liefern, Erfahrungen ermöglichen, Überzeugungen beeinflussten, Vorwissen aktivieren oder auch nur Bilder entwerfen. Ein Beispiel dafür ist die Geschichte von *4chan,* einem Internetforum. Dale Beran (2017) hat herausgearbeitet, wie aus einem unverbindlichen Austausch von Scherzen ernsthafte Aktionen und eine Bewegung entstanden ist, die einen Teil des Erfolges von Donald Trump erklären kann. *4chan* hat mit Memes Bilder erzeugt, aber auch eine Gruppenzugehörigkeit ermöglicht, welche besonders junge, netzaffine Männer angesprochen hat und aus der das entstanden ist, was heute die Alt-Right-Bewegung ist.

6.2 „Markets are conversations" – das Cluetrain-Manifest

Im Cluetrain-Manifest haben 1999 mehrere Autoren 95 Thesen zur wirtschaftlichen Bedeutung des Leitmedienwechsels versammelt. „Markets are conversations" ist die erste dieser Thesen, die grundlegende Idee des Manifests. In der Einleitung dazu steht etwas ausführlicher, wie das gemeint ist:

> These markets are conversations. Their members communicate in language that is natural, open, honest, direct, funny and often shocking. Whether explaining or complaining, joking or serious, the human voice is unmistakably genuine. It can't be faked. (Levine et al. 2000, S. 6).

Die grundlegende Idee besteht darin, dass Marktteilnehmerinnen und -teilnehmer ins Gespräch kommen, Märkte also nicht durch finanzielle Transaktionen bestimmt werden, sondern auch über Gespräche („explaining or complaining").

Die praktische Konsequenz aus dieser Idee formulieren Doc Searls und David Weinberger in einem Kapitel, in dem sie diese These ausführen:

> I outlined a strategy for igniting as much conversation as possible in a very short time, suggesting some fun, creative, and ultimately pointless ideas. (Levine et al. 2000, S. 61).

Dieses Marketing-Konzept ist die Umkehrung der Vorstellung eines „Marktplatz der Ideen": Menschen können gerade nicht unter Ideen rational auswählen und die stärkste oder überzeugendste übernehmen, sondern sie wählen das aus, worüber gesprochen wird, wozu es Gespräche gibt. Daraus leiten sich viele Marketing-Phänomene ab, die sich im Netz beobachten lassen: Storytelling, Influencer-Marketing, virale Kommunikation sind alles Facetten der Bemühung, möglichst stark im Gespräch zu bleiben.

Im Netz verbreiten sich Informationen evolutionär. Sie werden kopiert, variiert und selektioniert. Variation und Selektion verlaufen unter komplexen psychologischen Bedingungen – sie sind es, die durch Kampagnen gezielt beeinflusst werden können.

7 Was bedeuten digitale Plattformen für die Meinungsbildung im Netz?

7.1 Vier Typen von Machtverhältnissen in der Netzwerköffentlichkeit

Thummes (2019, S. 187 f.) unterscheidet in ihrer theoretischen Analyse von Machtverhältnissen in der Netzwerköffentlichkeit vier Grundtypen: Konkurrenz als nicht-hierarchisches und vermittlungsarmes Verhältnis, Kollaboration als vermittlungsreiche Form einer nicht-hierarchischen Zusammenarbeit, Kooperation als Zusammenspiel hierarchisch fixierter Positionen und Kontrolle als Machtmittel, das Meinungen Untergebener auch gegen Widerstand beeinflussen kann.

> Das kollaborative Machtverhältnis [stellt] eine Annäherung an das deliberative Modell des Meinungsaustauschs unter der Bedingung nicht herrschaftsfreier Diskurse dar. (Thummes 2019, S. 188).

Die Vorstellung eines Marktplatzes der Ideen, so kann in Bezug auf den letzten Abschnitt bilanziert werden, gibt vor, im Netz gäbe es nur diese Art kollaborativer Machtverhältnisse. Tatsächlich ist die Meinungsbildung im Netz von allen vier Typen geprägt. Einige Beispiele mögen das verdeutlichen:

1. Zwischen Influencerinnen und Influencern besteht eine Konkurrenz um die verfügbare Aufmerksamkeit. Das CDU-Video von Rezo (Rezo 2019) hat die Aufmerksamkeit im Wahlkampf stark gebunden und auf einen Akteur umgelegt, der im traditionellen politischen Diskurs keine Bedeutung hatte. Die Reaktionen des politischen Establishments hat diese Konkurrenz deutlich gemacht.
2. Kooperation beschreibt das Verhältnis zwischen Auftraggebern und bezahlten Influencerinnen und Influencern. Diese verbreiten eine Nachricht oder stellen ein Produkt auf eine bestimmte Art und Weise dar, ohne über diese Nachricht bestimmen zu dürfen. Gleichwohl wird in der Zusammenarbeit eine Passung zwischen Brand und Profil hergestellt, die Influencer-Marketing von klassischer Werbung abgrenzt.
3. Kontrolle spielt bei Polit-Kampagnen, die einheitliche Botschaften und Memes vorgeben und von Beteiligten (z. B. Mitgliedern einer Partei) verlangen, sie gemäß einer Vorgabe einzusetzen.

7.2 Verschränkungen von Machtverhältnissen auf digitalen Plattformen

Digitale Plattformen verschränken alle vier Formen von Machtausübungen, besonders in Bezug auf Meinungsbildung. Die Kampagne von Pete Buttigieg hat 2019 einen Tanz eingesetzt, um freiwillige Helferinnen und Helfer bei Laune zu halten: Zum Song *High Hopes* von *Panic! at the Disco* wurden Bewegungsabläufe vorgegeben, die bei Versammlungen in Pausen grösseren Gruppen ermöglichten, einen Tanz aufzuführen. Der „Mayor Pete Dance" wurde gefilmt und verbreitete sich im Netz, besonders auf TikTok wurde er imitiert aber auch parodiert. Der Tanz selber entstand zunächst kontrolliert (Wahl des Songs, Abklärung von Urheberrechten, Entwicklung einer Choreografie), wird in der Kampagne dann kooperativ eingesetzt: Verantwortliche werden ermuntert, ihn tanzen zu lassen, in den richtigen Situationen Tanz-Sequenzen einzuplanen und sie zu filmen. Was dann aber auf TikTok mit dem Tanz passiert, entwickelt sich kollaborativ. Das Konkurrenz-Element lässt sich daran ablesen, dass Comedians ein ähnliches, aber gefälschtes Tanzvideo für die Bloomberg-Kampagne geschaffen haben (Hall 2019), um darauf hinzuweisen, wie künstlich die Kandidatur des Milliardärs wirkt.

Digitale Plattformen bedeuten also für die Meinungsbildung eine Kombination verschiedener Machtverhältnisse. Eine Vorstellung eines deliberativen Austausches, bei dem überzeugende Argumente sich durchsetzen, lässt sich deskriptiv nicht halten. Es verbreiten sich Inhalte, die sich aus verschiedenen Gründen im Gespräch halten können: Weil sie auf den Plattformen mit Geld oder Kontrollmacht anderen vorgezogen werden, weil sie sich als Memes in einer Informationsevolution behaupten können, weil sie in der aufmerksamkeitsökonomischen Konkurrenzsituation Vorteile verschaffen.

Das hat zuweilen paradoxe Effekte: Influencer bauen etwa auf Instagram bewusst Fehler in ihre Texte ein, weil sie damit rechnen können, korrigiert zu werden. Diese Korrekturen erzeugen Kommentare, die ihnen zu mehr Sichtbarkeit verhelfen (Haag 2019).

Dieses minimale Beispiel zeigt, dass Meinungsbildung nicht primär über die direkte Verbreitung von Meinungen erfolgt. Die Influencerin Lena Sophie spricht über #ww3, weil sie ihr Publikum davon überzeugen will, relevant und informiert zu sein, nicht weil sie eine außenpolitische Meinung weitergeben will. Die Buttigieg-Kampagne schafft ein Tanz-Meme, das letztlich nur zeigen kann, dass die Unterstützung dieses Kandidaten Spaß machen könnte – aber ein Mittel ist, um Buttigieg die Nominierung der demokratischen Partei sichern zu können. Und Influencerinnen und Influencer bauen bewusst Fehler in ihre Beiträge ein – nicht weil sie inkompetent erscheinen wollen, sondern um Menschen dazu zu bringen, ihren Profilen zu mehr Sichtbarkeit zu verhelfen.

Wer im Netz meinungsbildend agieren will, muss primär Anschlüsse schaffen, muss ein Gespräch in Gang bringen. „Markets are conversations" – das gilt auch für den Markt um Aufmerksamkeit. Auf digitalen Plattformen unterliegen diese Gespräche bestimmten Bedingungen, die in Abschn. 2 dargestellt worden sind.

Diese Bedingungen enthalten technologische wie auch soziale Komponenten, welche die Meinungsbildung beeinflussen und direkt miteinander verbunden sind: Algorithmen reagieren auf gemeinschaftliches Verhalten. Was in einem ersten Schritt Anschlüsse schafft, wird algorithmisch und sozial oft in einem zweiten Schritt verstärkt: Das Gespräch und die Informationsevolution erhalten eine interaktive Eigendynamik, sie wirken auf die Gestaltung und Wahrnehmung von Meinungen ein. Die Rezeption ist der Produktion von Beiträgen nicht mehr nachgelagert, sondern verbindet sich mit ihr.

8 Experimentelle Medienkompetenz

Abschließend stellt sich die Frage, wie Kinder und Jugendliche auf Meinungsbildungsprozesse auf digitalen Plattformen vorbereitet werden können. Die Diskussion von Memes hat gezeigt, dass Positionalität ganz entscheidend ist, weil Zusammenhänge auf digitalen Plattformen nicht objektiv gegeben sind, sondern nur aus bestimmten Perspektiven wahrgenommen werden können.

Betrachten wir ein einfaches politisches Beispiel: Die Trump-Kampagne hat 2016 sogenannte „Dark Ads" auf Facebook eingesetzt. Das sind Werbeeinblendungen, die nur für bestimmte Zielgruppen sichtbar sind (vgl. Fichter 2017). Diese Anzeigen schaffen zusammen mit Medienangeboten von den Redaktionen, die Trump unterstützen, eine Umgebung, in welcher Unterstützerinnen und Unterstützer des Präsidenten alle Vorgänge durch eine Brille betrachten können. Coppins (2020) beschreibt, wie ein paar Klicks auf die richtigen Knöpfe dazu führen, eine völlige andere Perspektive auf Nachrichten zu erhalten. Für Coppins handelt es sich dabei um mehr als Propaganda, er spricht von „censorship through noise": Bestimmte Darstellungen der politischen Realität werden nicht gewaltsam unterdrückt, sondern durch Verzerrungen und Darstellungen auf digitalen Plattformen unsichtbar gemacht.

Wie sieht ein kompetenter Umgang mit Wahlanzeigen im Kontext digitaler Plattformen aus? Wer sich ein Bild verschaffen will, muss seine eigene Perspektive wahrnehmen und eine andere übernehmen können (wie das etwa Coppins gemacht hat). Aber selbst dann ist nicht klar, wie das Microtargeting genau funktioniert, welches politische Kampagnen einsetzen: Das Verfahren durchdringen kann nur, wer es selber einsetzt, also eine Kampagne im Netz plant, durchführt, auswertet.

Eine verbreitete Vorstellung von Medienkompetenz sieht im Anschluss an Baackes (1996) „Mediennutzung" und „Mediengestaltung" als Bereiche an, die „Medienkritik" und „Medienkunde" nachgeordnet sind: Erst wer Medien kritisch begegnen kann und weiß, wie sie entstehen, kann sie nutzen oder gestalten.

Die Konstruktionsweise und die Affordanzen digitaler Plattformen stellen diese Konzeption infrage: Erst wer experimentell erprobt, welche Effekte aus Mediennutzung und Mediengestaltung resultieren, kann diese verstehen oder kritisieren. Das zeigt die oberflächliche Medienkritik an Influencerinnen und Influencern, die oft ignoriert, welche Effekte die Gestaltung von Web-Inhalten prägen.

Eine experimentelle Medienkompetenz geht davon aus, dass Mediennutzung und Mediengestaltung die Grundlage für einen kompetenten Umgang mit Medien darstellen. Anja Wagner spricht in ihrer Definition von einer „individuellen Netz-Kompetenz" von kontextgebundenen und „medienspezifische[n] Analyse-, Evaluations- und Contententwicklungs-Skills". Verbunden mit Selbstregulation und Selbstreflexion entsteht so die Fähigkeit, in flexiblen Umgebungen problembezogen kommunizieren zu können, ohne die eigene Autonomie preiszugeben (Wagner 2019, S. 110).

Wer also Meinungsbildungsprozesse im Netz verstehen soll, muss sich

1. damit kontextgebunden und medienspezifisch auseinandersetzen. Das bedeutet Mediennutzung auf den Kanälen, auf denen sich Meinungsbildungsprozesse abspielen.
2. eigenen Content entwickeln, um die Gesetzmäßigkeiten, unter denen er Wirkung entfalten und Verbreitung finden kann, analysieren zu können.
3. die Wirkung von Medienbeiträgen subjektiv reflektieren, mit persönlichen Werten abgleichen und sich darum bemühen, die eigene Meinung autonom zu gestalten.

Die Beispiele zeigen, wie komplex Verfahren der Beeinflussung sind, die im Netz eingesetzt werden. Ohne Unterstützung der Schule sind junge Menschen dabei überfordert, ihnen mündig zu begegnen.

Literatur

Baacke, Dieter. 1996. Medienkompetenz – Begrifflichkeit und sozialer Wandel. In *Medienkompetenz als Schlüsselbegriff*, Hrsg. A. von Rein, 112–124. Bonn: Deutsches Institut für Erwachsenenbildung.

Beran, Dale. 2017. 4chan: The Skeleton Key to the Rise of Trump. https://medium.com/@ DaleBeran/4chan-the-skeleton-key-to-the-rise-of-trump-624e7cb798cb#.qj3e90g0f. Zugegriffen am 15. Januar 2020.

von Bülow, Christopher. [2]2013. Mem. In *Enzyklopädie Philosophie und Wissenschaftstheorie*, Hrsg. J. Mittelstraß, 318–324. Stuttgart/Weimar: Metzler.

Coppins, McKay. 2020. The Billion-Dollar Disinformation Campaign to Reelect the President. https://www.theatlantic.com/magazine/archive/2020/03/the-2020-disinformation-war/605530/. Zugegriffen am 4. Februar 2020

Davison, Patrick. 2014. The Language of Internet Memes. In *The Social Media Reader*, Hrsg. M. Mandiberg, 120-135. New York: NYU Press.

Dettwiler, G., und Stauffacher, R. 2020. Eine 18-Jährige beschwört auf Tiktok die Eskalation zwischen den USA und Iran zum „dritten Weltkrieg" herauf – und erreicht damit ein Millionenpublikum. https://www.nzz.ch/international/tiktok-der-3-weltkrieg-wird-zum-trend-und-sorgt-fuer-empoerung-ld.1532336. Zugegriffen am 9. Januar 2020.

Ellison, N. B. und Boyd, D. 2013. Sociality through Social Network Sites. In *The Oxford Handbook of Internet Studies*, Hrsg. W. H. Dutton, 151–172. Oxford: Oxford University Press.

Eisenbrand, Roland. 2019. Wirres TV-Interview als cleverer SEO-Hack: Hat Boris Johnson gezielt Google manipuliert? https://omr.com/de/boris-johnson-bus-seo-reputation-management/. Zugegriffen am 14. Januar 2020.

Emanuel, Daniella. 2019. The Viral „Kombucha Girl" Meme Is Super Relatable And Here Are The Best Jokes. https://www.buzzfeed.com/daniellaemanuel/woman-trying-kombucha-meme. Zugegriffen am 6. Januar 2020.

Fichter, Adrienne. 2017. Ich sehe etwas, was du nicht siehst. In *Smartphone-Demokratie*, Hrsg. A. Fichter, 120–131. Zürich: NZZ Libro.

Fletcher, Richard. 2020. The truth behind filter bubbles: Bursting some myths. https://reutersinstitute.politics.ox.ac.uk/risj-review/truth-behind-filter-bubbles-bursting-some-myths. Zugegriffen am 20. Januar 2020.

Gordon, Jill. 1997. John Stuart Mill and the „Marketplace of Ideas". *Social Theory and Practice* 2/23, 235–249.

Gümüşay, Kübra. 2020. *Sprache und Sein*. München: Hanser.

Haag, Rahel. 2019. Alles für die Reichweite: Ein Influencer aus Pfyn verrät seine Tricks. https://www.tagblatt.ch/ostschweiz/frauenfeld/alles-fur-die-reichweite-ld.1111891. Zugegriffen am 14.1.2020.

Hammer, Luca. 2019. Tweet vom 23.9.2019. https://twitter.com/luca/status/1176161093242228736?s=20. Zugegriffen am 30. Dezember 2019.

Hall, Ellie. 2019. The Viral Mike Bloomberg Dance Video Is Actually Part Of A Comedy Bit. https://www.buzzfeednews.com/article/ellievhall/mike-bloomberg-viral-dance-video-comedy-buttigieg. Zugegriffen am 14. Januar 2020.

Ingold, Simon M. 2020. Wokeness heisst die gesteigerte Form der Political Correctness. *NZZ*, 20.1.2020. https://www.nzz.ch/feuilleton/wokeness-gesteigerte-form-der-political-correctness-ld.1534531. Zugegriffen am 20.1.2020.

Levine, R., C. Locke, D. Searls, und D. Weinberger. 2000. *The Cluetrain Manifesto*. New York: Basic Books.

Pariser, Eli. 2011. *The Filter Bubble: What The Internet Is Hiding from You*. New York: Penguin Press.

Petter, Jan. 2020. Wir haben mit der Influencerin gesprochen, die auf TikTok vor einem Weltkrieg warnte – und jetzt angegriffen wird. https://www.bento.de/gadgets/iran-konflikt-tiktok-influencerin-warnt-vor-drittem-weltkrieg-jetzt-wird-sie-angegriffen-a-b7899a39-4830-4659-92a5-a9bf794271f1. Zugegriffen am 9. Januar 2020.

Rezo. 2019. Die Zerstörung der CDU. https://www.youtube.com/watch?v=4Y1lZQsyuSQ. Zugegriffen am 30. Januar 2020.

Schiffer, Christian. 2020. Warum es nicht schlimm ist, wenn eine 18-jährige auf TikTok Quatsch über den Iran erzählt. https://www.br.de/radio/bayern2/sendungen/zuendfunk/warum-es-nicht-schlimm-ist-wenn-eine-18-jaehrige-auf-tik-tok-quatsch-erzaehlt-100.html. Zugegriffen am 10. Januar 2020.

Seemann, Michael. 2014. *Das Neue Spiel – Strategien für die Welt nach dem Kontrollverlust*. Freiburg: Orange Press.

Stalder, Felix. 2016. *Kultur der Digitalität*. Frankfurt am Main: Suhrkamp.

Stalder, Felix. 2019. Den Schritt zurück gibt es nicht. Interview mit Irena Sgier. In *Digitalisierung und Lernen. Gestaltungsperspektiven für das professionelle Handeln in der Erwachsenen- und Weiterbildung*, Hrsg. E. Haberzeth und I. Sgier, 44–50. Bern: HEP.

Stokel-Walker, Chris. 2019. Is Boris Johnson really trying to game Google search results? https://www.wired.co.uk/article/boris-johnson-model-google-news. Zugegriffen am 15. Januar 2020.

Thummes, Kerstin. 2019. Meinungen über öffentliche Meinungsmacht. Ein Ansatz zur Erfassung der wahrgenommenen Machtverhältnisse in der Netzwerköffentlichkeit. In *Meinungsbildung in der Netzöffentlichkeit*, Hrsg. P. Weber, F. Mangold, M. Hofer und T. Koch, 175–193. Baden-Baden: Nomos.

UNITED STATES V. RUMELY, 345 U.S. 41. 1953. https://www.thefire.org/first-amendment-library/decision/united-states-v-rumely/. Zugegriffen am 10.1.2020.

Wagner, Elke. 2019. Warum das Internet keine Demokratie-Maschine geworden ist. Interview mit Judith Heitkamp. https://www.br.de/nachrichten/kultur/facebook-demokratie-hate-speech-oeffentlichkeit-elke-wagner,RV4vmMQ. Zugegriffen am 10. Januar 2020.

Wehling, Elisabeth. 2016. *Politisches Framing. Wie eine Nation sich ihr Denken einredet – und daraus Politik macht*. Köln: Halem.

Lesen digital

Gerhard Lauer

Zusammenfassung

Entgegen der geläufigen Meinung, Buch und Lesen würde durch die Digitalisierung der Lebenswelt an Bedeutung verlieren, zeigt der Beitrag das reiche, vielfach diverse und auch widersprüchliche Lesen auf digitalen Plattformen. Welche Schreib- und Leseformate hier die vor allem jungen Leserinnen und Leser faszinieren, erläutert der Beitrag ebenso wie Fragen einer angemessenen Einordnung der Befunde über das digitale Lesen.

Schlüsselwörter

Lesen · Digitale Leseplattformen · Fanfiktion · Jugendkultur · Ästhetisierung der Gesellschaft

Die Verlage in Deutschland, Österreich und der Schweiz publizieren jeden Tag mehr als 300 Neuerscheinungen. Die Zählung schwankt je nachdem, was man unter Neuerscheinung rechnet, aber die Zahl ist auch in historischer Perspektive hoch, sehr hoch, um genau zu sein. Einen ähnlichen, fast ungebremsten Anstieg der Neuerscheinungen finden wir auch für andere Literaturmärkte. Aber nicht nur nimmt die Zahl der Bücher zu, sie werden auch länger. Die Titel der *New York Times* Bestseller-Liste und andere Buchlisten einschließlich Googles jährlicher Überblick über die am häufigsten diskutierten Bücher zeigen, dass die Bücher am Ende des 20. Jahrhunderts im Durchschnitt etwa 320 Seiten lang waren, um 2014

G. Lauer (✉)
Universität Basel, Basel, Schweiz
E-Mail: gerhard.lauer@unibas.ch

© Der/die Autor(en), exklusiv lizenziert durch Springer-Verlag GmbH, DE, ein Teil von Springer Nature 2021
U. Hauck-Thum und J. Noller (Hrsg.), *Was ist Digitalität?*, Digitalitätsforschung / Digitality Research, https://doi.org/10.1007/978-3-662-62989-5_9

sind sie etwa 400 Seiten lang, ein Zuwachs von etwa 25 % der durchschnittlichen Buchlänge (Lea 2015). Die Bücher für den renommierten Booker Preis waren in den 70er Jahren des 20. Jahrhunderts noch etwa 300 Seiten lang, nach 2010 umfassten die preisgekrönten Bücher mehr als 500 Seiten. Die Zahlen wären sonst vielleicht keiner größeren Aufmerksamkeit wert, doch fällt der Zuwachs ziemlich genau mit der Durchsetzung der Internets und der massenhaften Verbreitung der Smartphones zusammen. Der Zuwachs betrifft nicht nur populäre Serienromane, Romanzen und Fantasy-Titel, sondern auch die hochkulturellen Bücher des Booker-Preises. Ist das Internet doch nicht der Tod von Buch und Lesen?

Die genannten Zahlen stehen offensichtlich in einem Gegensatz zu den Gemeinplätzen vom Ende von Buch und Lesen in der digitalen Gesellschaft. Ein ganzes Genre der Kulturkritik lebt von diesem Gemeinplatz (z. B. Carr 2010) und gewinnt viel Aufmerksamkeit dafür, dass vor allem junge Menschen nicht mehr ‚vertieft' lesen würden (Wolf 2019). Prominente Schriftsteller wie Bret Easton Ellis formulieren nicht ohne die Geste der Selbstgewissheit: „There is no writing, they [sc. die jungen Menschen heute] don't care about literature, none of them read books. Where's the great millenial novel? There is no one." (S.H. 2019) Keiner liest mehr, keiner schreibt mehr, das ist einfach alles vorbei, so scheint es. Das Leitmedium der 12- bis 19-Jährigen ist YouTube, konstatiert der Rat für kulturelle Bildung (Rat 2019) und der Börsenverein erhält hohe Aufmerksamkeit für seinen Befund, dass dem Buchhandel vor allem die jüngeren Leser zu mehr als einem Drittel abhanden gekommen sind (Roesler-Graichen 2018). Das alles findet in der Öffentlichkeit viel Beachtung. Aber ob die kulturkritischen Schlussfolgerungen auch stimmen, die sich nicht unbedingt mit den eingangs erwähnten Zahlen zur Deckung bringen lassen, wäre erst noch zu prüfen. Ich stelle daher im Folgenden zunächst einige Befunde zum Stand von Lesen und Buch zusammen, bevor ich detaillierter zu zeigen versuche, wie und wo Kinder und Jugendliche heute lesen und was sie lesen, wenn alles digital geworden ist.

1 Die neue Leselust

2009 erschien in den USA der große Lesebericht des National Endowment for the Arts and Humanities mit dem bezeichnenden Titel *Reading on the Rise. A New Chapter in American Literacy*. Der Titel steht für den Umstand, dass nach mehr als dreißig Jahren Berichte über den fortschreitenden Niedergang der Leserzahlen, zum ersten Mal die Zahl der Leserinnen und Leser in den USA wieder angestiegen sind und die psychologisch so wichtige Schwelle von fünfzig Prozent überschritten. Mehr als die Hälfte aller Amerikanerinnen und Amerikaner haben mindestens einmal im Jahr ein Buch gelesen und das obgleich die Einwohnerzahl der USA im selben Zeitraum durch Einwanderung deutlich angestiegen ist, gerade auch aus weniger leseaffinen Ländern. Noch besser sehen die Zahlen der Jugendlichen aus. Genau in dem Moment, als das Internet nach der Jahrtausendwende beginnt, die Gesellschaft zu durchdringen und dann auch Smartphone die Jugendlichen abzulenken scheinen, ist das Lesen im Aufwind gerade auch unter Jugendlichen. Dort ist der Zuwachs noch deutlicher als unter den Älteren. Auch das notorisch leseschwache Geschlecht der Jungen und Männer liest mehr. Romane sind die meistgelesene Gattung.

Zu ähnlichen Ergebnissen kommt auch das Pew Research Center (2016). Dessen Zahlen zum Lesen von gedruckten Büchern, E-Books und Audio-Books belegen, dass ganz gleich, auf welchen Begriff von Büchern man sich bezieht, die Jugendlichen (18- bis 29-Jährige) mehr lesen als die Älteren (65+Jahre). Das ist kontraintuitiv, haben wir doch die Klagen über den Kulturverfall der Jugend längst verinnerlicht. Dem *Economist* (S.H. 2019) war der Befund daher Artikel wert, der selbstzufriedenen Gewissheit der kulturellen Eliten entgegenzutreten und zu zeigen, dass auch jenseits der etablierten Kultur gelesen wird und das gerade von den jungen Lesern.

Die Befunde zum Stand des Lesens in den deutschsprachigen Ländern sind ähnlich ermutigend (Maas und Ehmig 2012). Zum einen wird Kindern ganz überwiegend vorgelesen, eine kaum zu überschätzende Praxis für die Lesesozialisation von Kindern. Auch wenn die Zahlen nur wenig belastbar sind, weil solche Zahl schwer zu erheben sind und von größeren sozialen Unterschieden auszugehen ist, sind die Zahlen der Leserinnen und Leser in allen Altersstufen weitaus besser als in den USA. In den deutschsprachigen Ländern sind etwa nur ein Viertel Nicht-Leser. Auf dem Land wird mehr gelesen als in der Stadt und Mädchen und Frauen lesen deutlich mehr als dies Jungen und Männer tun. Auch ist der Unterschied in den Leseinteressen zwischen den Geschlechtern unverändert, hier das Lesen von Literatur, dort eher das von Sachtexten, hier eher emotionsbetonte, dort eher handlungsbetonte Formate. Trotz vieler Programme gibt es einen nicht kleinen Anteil an funktionalen Analphabeten, deren Zahl für Deutschland auf mehr als sieben Millionen Menschen geschätzt wird. Für moderne Industriegesellschaften wie Deutschland, die Schweiz oder Österreich ist die Zahl bedrückend zu hoch.

Alle diese Daten sind über die letzten Jahrzehnte stabil und belegen eher die Kontinuität kultureller Praktiken des Lesens und Medienkonsum denn ihre Veränderung. Sie gehen mit anderen Befunden zusammen, etwa den steigenden Zahlen der Klassikfestivals oder der Museumsbesucher (Lauer 2020a) und zeigen, dass der Prozess der kulturellen Vergesellschaftung unverändert bedeutend für unsere Gesellschaft und deren Selbstverständigung ist (Tenbruck 1989). Unverändert spielt Lesen in diesem Prozess eine zentrale Rolle. Die KIM- und JIM-Studien (MPFS 2020) bzw. die MIKE- und JAMES-Studien (ZHAW 2020) verweisen zwar auf die rapide gewachsene Rolle der sozialen Medien für Jugendliche. Das ist die unübersehbare Veränderung. In ihrem jüngsten Bericht von 2019 betonen sie zugleich die Konstanz des Umgangs mit den übrigen Medien einschließlich des Lesens. Um die vierzig Prozent der Jugendlichen lesen mindestens einmal pro Woche ein Buch (JIM 2019, S. 15). Die Zahlen seit 2007 schwanken etwas um diese vierzig Prozentmarke, ohne dass größere Veränderungen sichtbar wären. Am häufigsten werden gut vertraute Buchtitel genannt wie *Die drei ???*, *Hanni und Nanni*, die Bücher der *Harry Potter*-Serie oder *Gregs Tagebuch* oder die *Twilight*-Sage, die von Kindern und Jugendlichen gelesen werden. Nicht alles ist neu unter der digitalen Sonne.

Viele lesen hierzulande gerade auch unter den Jüngeren und haben dafür nicht nur Lesestoff aus Verlagen und Buchhandel, sondern auch aus dem Internet. Dort ist die Untertitel-Datenbank zur *Friends*-Serie oder zur *The Big-Bang-Theory*-Serie nur einen Klick entfernt, ebenso wie das mittelalterliche Augustinus-Manuskript, das in der Wirklichkeit auf drei Bibliotheken verteilt in Sankt Petersburg, Genf und Paris liegt, oder die Mozart-Ausgabe. Und Google hat mit seinem Google Books-Projekt längst eine Weltbibliothek errichtet, die verschiedene, auch komplexe Abfragen denjenigen erlaubt, die sich für alte Bücher oder seltene Ausgaben interessieren oder für die linguistische Struktur verschiedener Sprachen vom Hebräischen bis zum Chinesischen oder sonst eine Frage an einzelne Bücher oder Millionen von ihnen haben. Eine solche Weltbibliothek zu bauen, die das Wissen der Welt enthält, das ist und war eines der Anliegen der Google-Gründer Sergey Brin, Larry Page und Marissa Mayer, die alle selbst Buchliebhaber sind, aber auch verstanden haben, welche Rolle Scan-Technologie für die Erschließung der Bücherwelten spielen. Ohne schnelle Scanner sind Millionen Bücher nicht maschinell einlesbar. Darin hat Google daher früh schon viel Geld investiert. Bibliotheken wie die Bayerische Staatsbibliothek, die heute Teil des Google-Books-Projekts sind und ihre Bestände darüber der Weltöffentlichkeit zugänglich machen, verzeichnen dank der Google-Digitalisate wachsende Nutzerzahlen. Und wem die schier unfassbare Größe der Google-Bibliothek nicht genügt, der findet auf den verschiedenen Internet-Handelsplattformen für gebrauchte Bücher wie *Momox* oder *Booklooker* inzwischen so viele Bücher, die alle nicht in den Verkaufszahlen des Börsenvereins des Deutschen Buchhandels auftauchen, aber doch jeden Tag ihre Leserinnen und Leser finden. Kein Ende ist in Sicht, der Bücherberg wächst weiter.

Für Abgesänge auf Buch und Lesen ist es also zu früh. Im Gegenteil hat die Zahl der Bücher zugenommen, sie werden umfangreicher, ihre Ausgaben und Gattungen diverser und ihre Leser werden mehr. Dass sie weniger gelesen würden, ob von jung oder alt, konnte noch nicht beobachtet werden. Nur dass vor allem die jungen Leserinnen und Leser noch ganz andere Wege gehen als sie der herkömmliche Literaturbetrieb kennt, ist zu beobachten. Von diesem anderen Lesen ist im Folgenden zu handeln.

2   Social Reading

Social Reading – so werden die Lese- und Schreibwelten genannt, die wesentlich auf sozialen Medien basieren, auch wenn nicht alle ihre Formate neu sind. Gegenwärtig sind etwa neunzig Millionen vor allem jungen Menschen auf der Lese- und Schreibplattform *Wattpad* unterwegs und teilen am Tag etwa 100.000 Geschichten untereinander. Auf kleineren Plattformen wie *BücherTreff* sind ‚nur' etwa 30.000 Lesebegeisterte zusammen. Die Zahl der Fanfiktion-Seiten wie etwa *Fanfiktion. de* sind kaum zu zählen, auf denen zumeist junge Autorinnen und Autoren ihre Geschichten schreiben und teilen, die sie nach bekannten Vorlagen wie *Harry Potter* schreiben und jeden Tag viele Leser finden. Digitales Lesen ist daher längst kein Nischenphänomen mehr, sondern gehört zur Lektürepraxis junger Menschen dazu (Pew Research Center 2012). Viele der Plattformen sind auf Eigeninitiative von Lesern gegründet worden, die die Möglichkeiten von Computer und Internet vor den etablierten Verlagen verstanden haben, so 1998 *Fanfiction.net,* 2003 *BücherTreff* als Hobbyprojekt, *LibraryThing* 2005 als Buchverwaltungsprogramm, 2007 *Wattpad* als Plattform um die auf Gutenberg verfügbaren Bücher auf mobilen Geräten zugänglich zu machen, *Archive of Our Own* als Gegengründung gegen die Kommerzialisierung des Fanfiction-Schreibens 2008, 2009 *Goodreads* als Orientierung für Buchneuerscheinungen, um einige der vielleicht wichtigsten dieser Social Reading-Plattformen zu nennen. Sie haben das Internet genutzt, um begeisterte Leser zusammenzubringen oder neue, aber auch alte Bücher vorzustellen, darüber Rezensionen zu schreiben, Leserunden zu veranstalten, Autoreninterviews zu veröffentlichen, Termine von Lesungen zu posten oder auch Listen ihrer jeweiligen Lieblingsbücher zu veröffentlichen. Während bei *BücherTreff* oder auch auf kommerziellen Seiten wie *Goodreads, LibraryThing, Shelfari* oder *Lovelybooks* vor allem der Austausch über Bücher im Mittelpunkt stehen, sind *Wattpad, Sweek* oder *Archive of Our Own* Seiten, auf denen selbst geschriebene Bücher veröffentlicht und von der Lesegemeinschaft kommentiert werden. Bei allen Unterschieden im Einzelnen haben diese Plattformen gemeinsam, dass sie auf die Selbsttätigkeit der jungen Leser und Autoren setzen. Sie sind es, die Literatur schreiben und lesen, als gäbe es zu wenige Bücher. Die Erfahrung der Selbsttätigkeit ist denn auch eine, wenn nicht vielleicht die wichtigste Erfahrung für die jungen Literaturenthusiasten.

Alle diese Seiten laufen über Smartphones und Lesegeräte. Man wechselt zu Twitter oder Instagram, schaut BookTube oder folgt seinen Stars bis zu deren Auftritten in großen Hallen. Rupi Kaur zum Beispiel ist ein solcher Star, der Lyrik schreibt und damit Tausende anzieht. Geboren als Kind von Einwandern aus Indien, mit vier Jahren nach Kanada gekommen, hat sie früh angefangen, Lyrik für Gelegenheiten wie Geburtstage zu schreiben und das in der für sie neuen Sprache, dem Englischen. Computer und Internet haben ihre Biografie verändert, denn die junge Autorin publizierte bald schon ihre Gedichte zusammen mit Zeichnungen auf Instagram und Twitter, gewann darüber immer mehr Leserinnen, publizierte auf ihrem Blog und fand schließlich einen Verlag. Ihr Gedichtband *Milk and Honey* (2014) schafft es auf die *New York Times*-Bestsellerliste und verkaufte sich über anderthalb Millionen Mal (Mzezewa 2017). Übersetzungen in viele Sprachen darunter auch eine zweisprachige Ausgabe ins Deutsche haben sie international bekannt gemacht. Ein zweiter Band *The Sun and her Flowers* folgte 2017. Ihre Auftritte sind glamourös inszeniert, auch wenn ihre Lyrik vielleicht nur das ist, was früher Kalenderlyrik genannt wurde. Es ist populäre Literatur von Amateuren, sagen ihre Kritiker und gestehen zugleich zu, dass sie mit ihren Themen der Unterdrückung von farbigen Frauen und den Konflikten in Beziehungen vielen eine Stimme gibt. Wie immer man solche Popphänomene wie Rupi Kaur bewertet, die sozialen Medien haben hier eine Lyrikerin und ihre Leserinnen in einer Dichte und Intensität zusammengebracht, von denen der etablierte Literaturbetrieb nur träumen kann. Digitales Lesen ist in der Mitte der Gesellschaft angekommen, nur ist diese Mitte nicht mehr von den etablierten Verlagen und ihren Autoren bestimmt.

Rupi Kaur ist keine Ausnahme. Ein Autor wie John Green zählt zweifellos unter die besten Jugendbuch-Autoren der Gegenwart und seine Bücher wie zuletzt *Schlaft gut, ihr fiesen Gedanken* wurde vielfach mit Preisen auch in Deutschland geehrt (Braun 2015). Seine Position als Autor wie seinen Erfolg zu verstehen, muss den John Green des Internets in den Blick nehmen. Zusammen mit seinem Bruder Hank erklärt er in wöchentlichen VBlogs, was in Syrien gerade passiert, wie es zum I. Weltkrieg kam oder warum es gut ist, nach den Ferien wieder in die Schule zu gehen. Damit haben sie Millionnen an Followern gewonnen. Mit ihrer vor allem online basierten Subkulturgruppe Nerdfighteria, zu der auch Prominente wie Benedict Cumberbatch gehören, tun sie ganz einfach gute Dinge für andere und bekämpfen das Schlechte in der Welt, nicht weniger. Lesen von Büchern ist hier Teil einer viel weiteren, digitalen hinterlegten sozialen Welt, das sich den Werten einer offenen Gesellschaft verpflichtet weiß. Lesen und soziale Medien gehören für diese Autoren wie John Green und seine jungen Leserinnen und Leser untrennbar zusammen. Niemand würde hier verstehen, warum man von digitalen Lesen noch eigens sprechen sollte, denn das Lesen ist einfach Teil einer Welt, die so selbstverständlich in alle, digitalen miteinander vernetzen Medien ausgreift, dass das Buch nur eines unter vielen ist, nicht mehr, aber auch nicht weniger (Kuhn 2015).

Kaur und Green erreichen ihr Weltpublikum unter den jungen Leuten so wie es etwa auch der Modebloggerin Zoe Sugg gelingt, wenn auch dort mit anderen Themen. Als Modebloggerin bereits ein Star wurde sie professionell vom Verlag Random House als Autorin aufgebaut. Ihr Debütroman *Girl Online* (2014), geschrieben von einem Team, verkaufte sich in der ersten Woche nach seinem Erscheinen mit einem Rekordverkauf für Debütromane von mehr als 70.000 Exemplare bei Penguin Books, sodass gleich 2015 und 2016 weitere Bände nachgeschoben wurden. Schließlich haben auch die grossen Verlage längst verstanden, wie die sozialen Medien das herkömmliche Verlagsgeschäft umschlossen haben und springen auf den Erfolgen der Star und Influencer auf, nutzen bekannte BookTuber und lancieren eigene Plattformen wie *LovelyBooks* der Holtzbrink-Gruppe. Die derzeit grösste Plattform für junge Leser, eben *Wattpad*, schliesst für seine Erfolgsautorinnen wie Anna Todd nicht nur mit Grossverlagen Verträge ab, sondern ist schon eine Partnerschaft mit Netflix eingegangen. Vom Schreiben und Lesen im Netz zum gedruckten Buch und weiter zum Film und wieder zurück zur nächsten Fanfiktion schließt sich der Kreis, denn unter den digitalen Bedingungen gibt es weder die Hierarchisierungen der herkömmlichen Kultur noch die langen Übersetzungswege. Am Ende sind alles digitale Dateien, die gelesen, gehört und geschaut werden und dann selbst weitergeschrieben werden. Das alles ist auch ein großes Geschäft geworden und spätestens das zeigt an, wie rasant das digitale Lesen groß geworden ist.

Nicht nur neue Bücher, auch alte Stoffe und Vorlagen gehören in die digitalen Lesewelten. Klassiker wie *Pride and Prejudice* als Twitternachrichten zwischen Lizzy und Mr. Bennet noch einmal zu erzählen und *Anne of Green Gables* als

VBlogs nachzuerzählen sind Unternehmen, das jeden Tag junge Leserinnen und Leser zusammenbringt. Hier werden die Dialoge aus den Büchern einstudiert und noch einmal vorgespielt, als hätten Jane Austen oder Lucy Maud Montgomery erst gestern ihre Bücher herausgebracht. Hier wie auch in der Fanfiktion oder Teenfiction dominieren die gut etablierten Erzählverfahren seit dem 19. Jahrhundert und in der Lyrik Traditionen vom Haiku bis zur Gelegenheitslyrik. In den Weiten des Internets haben natürlich auch Avantgardeformen ihren Platz, etwa auf Wortkrieger.de, Gedichte.com oder Fixpoetry zum Beispiel, oder auch in den anspruchsvollen Erzählwelten von Reif Larsen, dessen *Karte meiner Träume* von 2009 noch aufwändig im Druck erscheinen konnte, dessen Buch *Entrances & Exits* 2016 aber nur noch digital erscheinen konnte, weil es Google Street Views für seinen Roman nutzt. Gelesen und geschrieben aber werden vor allem vertraute Formate. Erfolgreiche Titel werden vor allem nachgeahmt. Und wenn Filme wie die *Tribute von Panem* die Kinokassen füllen, schnellt die Zahl der Fanfiktion-Adaptionen nach oben, eben weil sie ein Gespräch gerade unter Jugendlichen sind. Und dieses Gespräch über Bücher setzt sich in den sozialen Medien fort. Dann wird viel gelesen und geschrieben und das alles auf digitalen Plattformen.

Social Reading ist also kein Randphänomen, sondern ein wesentlicher Teil gerade der jugendlichen Lesekultur (Cordón-García 2013; Kutzner et al. 2019). Als Phänomen ist es nicht unbedingt neu, denn die Einbindung des Lesens in eine reiche Briefkultur, in Feuilletons oder auch Schnupftabakdosen und Rosenbänder gehört spätestens seit dem 18. Jahrhundert zum Buch dazu, als mit der Empfindsamkeit verschiedene Lesemoden aufgekommen sind (Darnton 1989; Schneider 2016). Lesen war und ist ein sozialer Akt, historisch gerade dann, als das Lesen allein, das selbstvergessene, immersive Lesen erfunden worden ist, das ganz mit seinen Helden wie Julie, Werther oder Tatjana mitfiebert. Dieses moderne, immersive Lesen ist bei aller Einsamkeit des Leseakts immer auch sozial eingebunden und dafür von anderen Medien begleitet. In dieser langen historischen Perspektive ist Social Reading die Intensivierung der so eminent modernen Lektürepraxis mit digitalen Mitteln. Digitales Lesen ist die Lektürepraxis des modernen Subjekts, nicht das Ende von Buch und Lesen (Lauer 2020b).

3 Die kulturelle Vergesellschaftung und kein Ende

Historisch intensiviert das digitale Lesen längere gesellschaftliche Prozesse. Seit das Lesen zu den Bedingungen der Teilhabe an der Gesellschaft gehört, ist es eng mit der Entstehung der bürgerlichen Gesellschaft verbunden. Historiker wie Thomas Nipperdey betonen mit guten Gründen den Zusammenhang von Verbürgerlichung und Ästhetisierung der Gesellschaft (Nipperdey 1998). Mit der Ästhetisierung ist gemeint, dass in den Städten des 19. Jahrhunderts die Theater und Opernhäuser in die Mitte der Städte rücken, ein reiche Verlags- und Buchhandelsindustrie entsteht und sich in Männergesangsvereinen und Kunstvereinen Orte der Selbstbeobachtung von Gesellschaft herausbilden. In solchen Häusern, Institutionen, und Industrien, Vereinen und Kaffeehäusern formt sich die moderne

Gesellschaft. Sie ist ohne Autoren, Verlage und Leser kaum zu denken. Bildung im Sinne einer Schulbildung für alle gehört zu dieser Verbürgerlichung und Ästhetisierung der Gesellschaft unerlässlich dazu.

Schon im 19. Jahrhundert war deutlich, dass die Lesebiografien der heranwachsenden Bürgerinnen und Bürger nicht zu allererst durch die in der Schule vermittelten, kanonischen Autoren geprägt wurden, sondern durch Bücher wie etwa des Dresdner Volks- und Jugendschriftsteller Karl Gustav Nieritz, der wie heutige Influencer nicht auf die Strasse treten konnte, ohne von Jugendlichen umringt zu werden. Der Kampf gegen die sogenannte Schundliteratur belegt, wie hoch der Einfluss etwa von Heftromanen um Helden wie Harry Piel oder Tom Shark auf die Jugend von den etablierten Institutionen wie der Schule eingeschätzt wurde. Aber Buchverbrennungen auf Schulhöfen bis in die 50er Jahre des 20. Jahrhunderts hinein haben an der für die Lesebiografien so prägenden Kraft nicht geändert. Neue Medien wie der Film haben nicht zufällig etablierte Figuren wie Tom Shark zur Vorlage genommen, mit Alwin Neuß als Regisseur und Schauspieler. In einer historischen Perspektive setzt daher das Lesen digital einen Prozess fort, der vor mehr als zweihundert Jahren begonnen hat. Es bildet Leser.

Das Unbehagen mit dem immensen Erfolg populärer Figuren und Romane hat die Kultursoziologie schon seit Georg Simmel irritiert, die sich bis heute schwertut, wie sie die erfolgreichen, für die Lesebiografien so wichtigen Erfolge verstehen soll, als populäre Gattungen, als Kitsch, als Massenkunst oder als popkulturelle Ausdrucksformen. Damit eng verknüpft ist die Frage nach der Wertung dieser Phänomene, die in der deutschen intellektuellen Tradition zumeist mit starken Abwertungen einhergeht, wie die Begriffe des Populären, der Masse, des Pops oder des Kitschs schon suggerieren. Unterstellt wird, es ginge vor allem um kurzfristige Aufmerksamkeit für die je eigene Besonderheit und zugleich um Ablenkung von den wichtigen Fragen gesellschaftlicher Selbstverständigung (Reckwitz 2017). Die Problematik verschärft sich in dem Maße wie die Digitalisierung die kulturelle Partizipation noch einmal ausdehnt. Die Kritik, dass alle nun auch in Sachen Literatur mitreden, den institutionalisierten Instanzen der Literaturkritik wenig Achtung geschenkt wird und über Plattformen die Bücher selbstverlegt werden, nutzt daher die Konvention der Kulturkritik und spart dann auch nicht mit Kritik an den digitalen Lesewelten als den Industrien für ein Bewusstsein im Falschen. Die Klage über das Schwinden des vertieften Lesens ist nur eine Variante dieser Kulturkritik an der offenen Gesellschaft, die von jeder Stelle der Gesellschaft anders aussieht (Nassehi 2020). In kultursoziologischer Perspektive ist das digitale Lesen daher eine weitere Antinomie der Modernisierung.

Während sich die Kultursoziologie schwer tut, dass das digitale Lesen nicht in den Palisaden des etablierten Literaturbetriebs verbleibt, verweist die Entwicklungs- und Jugendpsychologie auf die wichtige Funktion des Lesens für die Aushandlungen jugendlicher Identitäten. Wenn in Fanfiction-Subreddits acht verschiedene Geschlechtszuordnungen von den Lesern genannt werden, dann hat das zu allererst mit der Identitätsthematisierung Jugendlicher zu tun. Dabei geht es in den Foren und Plattforen oft emphatisch jung und laut zu und die

Thematisierung von Sexualität hat ganze Subgenres als sogenannte Slash-Fiktion hervorgebracht. Ein Erfolgstitel auf Wattpad wie *The Bad Boy's Girl* diskutiert nicht die Subjektproblematik der romantisch-idealistischen Tradition. Aber für die Lesebiografien haben genau diese Leseerfahrung eine hohe Bedeutung, denn für Jugendliche ist der Austausch über Bücher, das eigene schreibende Erproben des Gelesenen eine Möglichkeit die eigene Identität in Szene zu setzen und den eigenen sozialen Status zu erkunden (Glüer 2018). Vieles von diesem oft poppigen Verhalten gleicht dem von Fans. Wenn Millionen Kommentare von Lesern Satz für Satz ein Buch wie *The Bad Boy's Girl* auf *Wattpad* begleiten (Pianzola et al. 2020), dann geht es um das eigene, enthusiastische Leseerlebnis, den Austausch mit Gleichgesinnten und dabei zugleich um das Aushandeln der eigenen Selbstwahrnehmung, der Selbstwertschätzung und der sozialen Position in der Gruppe (Błachnio et al. 2013; Kuzmičová und Bálint 2019). Für alle diese Leserinnen und Leser zählt Literatur. Dass sie digital gelesen, kommentiert und oft auch weitergeschrieben wird, ist so selbstverständlich wie Naseputzen.

Ich habe in meinem Buch *Lesen im digitalen Zeitalter* (2020b) zu argumentieren versucht, dass immersive Lesen in der digitalen Moderne an Bedeutung zunimmt und moderne Gesellschaften zu kompliziert sind, als dass sie die Kulturtechnik des Lesens vernachlässigen könnten. Wir leben in einem alexandrinischen Zeitalter einer rasant angewachsenen Lesewelt, die digital zu nennen schon ein Anachronismus ist, weil das Digitale so in unsere Gesellschaft eingewoben ist, dass es bald aus unserem Gesichtskreis verschwinden wird. Ob wir von einer hyperkulturellen Überformung der Gesellschaft auszugehen haben, die durch die Digitalisierung auch des Lesens vorangetrieben wird oder von einer beschleunigten Ästhetisierung der Gesellschaft, die auch die jungen Leserinnen und Leser erfasst hat oder eine Intensivierung der Jugendkultur hängt von der theoretischen Rahmung aller Untersuchungen und Diskussionen über das digitale Lesen ab. Festzuhalten bleibt gleichwohl, dass das Lesen längst digital geworden ist und weil es nicht weniger geworden ist, alle Fähigkeit hat, diese unsere Gesellschaft zu beeinflussen. Nicht das Ende von Buch und Lesen ist festzustellen, sondern sein Anfang.

Literatur

Błachnio, Agata, Aneta Przepiórka, und Patrycja Rudnicka. 2013. Psychological determinants of using Facebook: A research review. *International Journal of Human-Computer Interaction* 29 (11): 775–787.

Braun, Eric. 2015. *John Green: Star Author, Vlogbrother, and Nerdfighter*. Minneapolis: Lerner.

Carr, Nicholas. 2010. *Wer bin ich, wenn ich online bin ... und was macht mein Gehirn solange? Wie das Internet unser Denken verändert*. Aus dem amerikanischen Englisch von Henning Dedekind. München: Blessing. Neuauflage unter dem Titel: Carr, Nicolas. 2013.*Surfen im Seichten. Was das Internet mit unserem Hirn anstellt*. München: Pantheon.

Cordón-García, José-Antonio, Julio Alonso-Arévalo, Raquel Gómez-Díaz, und Daniel Linder 2013. *Social Reading. Platforms, Applications, Clouds and Tags*. Oxford: Chandos.

Darnton, Robert. 1989. Leser reagieren auf Rousseau. Die Verfertigung der romantischen Empfindsamkeit. In *Das große Katzenmassaker. Streifzüge durch die französische Kultur vor der Revolution*, Hrsg. Robert Darnton, 245–290, München: Hanser.

Maas, Jörg, und Simone Ehmig (2012). *Zukunft des Lesens*. Mainz, file:///Users/gerhardlauer/Downloads/Expertenworkshop_zur_Zukunft_des_Lesens.pdf

Glüer, Michael. 2018. Digitaler Medienkonsum. In *Entwicklungspsychologie des Jugendalters*, Hrsg. Arnold Lohaus, 197–222. Berlin: Springer.

Kuhn, Axel. 2015. Lesen in digitalen Netzwerken. In *Lesen. Ein interdisziplinäres Handbuch*, Hrsg. Ursula Rautenberg und Ute Schneider, 427–444. Berlin: De Gruyter.

Kutzner, Kristin, Kristina Petzold, und Ralf Knackstedt. 2019. Characterising Social Reading Platforms – A Taxonomy-Based Approach to Structure the Field. In *Proceedings of the 14th International Conference on Wirtschaftsinformatik*, Siegen.

Kuzmičová, Anežka, und Katalin Bálint. 2019. Personal Relevance in Story Reading. A Research Review. *Poetics Today* 40 (3): 429–451.

Lea, Richard. 2015. The Big Question: Are Books Getting Longer? *The Guardian* (10. Dezember). https://www.theguardian.com/books/2015/dec/10/are-books-getting-longer-survey-marlon-james-hanya-yanagihara.

Lauer, Gerhard. 2020a. Kunst und Kultur im digitalen Zeitalter. In *Digitalisierung. Privatheit und öffentlicher Raum*, Hrsg. Akademie der Wissenschaften zu Göttingen, 47–60. Göttingen. https://library.oapen.org/handle/20.500.12657/37372.

Lauer, Gerhard. 2020b. *Lesen im digitalen Zeitalter*. Darmstadt: wbg.

Nassehi, Armin. 2020. *Muster. Zur Theorie der digitalen Gesellschaft*. München: Beck.

National Endowment for the Arts. 2009. Reading on the Rise. A New Chapter in American Literacy. https://www.arts.gov/publications/reading-rise-new-chapter-american-literacy.

Nipperdey, Thomas. 1998. *Wie das Bürgertum die Moderne fand*. Stuttgart: Reclam.

Pianzola, Federico, Simone Rebora, und Gerhard Lauer. 2020. Wattpad as a resource for literary studies. Quantitative and qualitative examples of the importance of digital social reading and readers' comments in the margins. *PLOSONE*. https://doi.org/https://doi.org/10.1371/journal.pone.0226708.

Medienpädagogischer Forschungsverbund Südwest (MPFS). JIM-Studien/KIM-Studien. https://www.mpfs.de/startseite/.

Mzezewa, Tariro. 2017. Rupi Kaur Is Kicking Down the Doors of Publishing. *The New York Times* (5. Oktober). https://www.nytimes.com/2017/10/05/fashion/rupi-kaur-poetry-the-sun-and-her-flowers.html.

Pew Research Center (2012). Younger Americans' Library Habits 2012. https://www.pewresearch.org/internet/2013/06/25/younger-americans-library-services/.

Pew Research Center (2016). Book Reading 2016. https://www.pewresearch.org/internet/2016/09/01/book-reading-2016/.

Rat für kulturelle Bildung. 2019. Jugend/YouTube/Kulturelle Bildung. Horizont 2019. https://www.rat-kulturelle-bildung.de/fileadmin/user_upload/pdf/Studie_YouTube_Webversion_final.pdf.

Reckwitz, Andreas. 2017. *Die Gesellschaft der Singularitäten. Zum Strukturwandel der Moderne*. Berlin: Suhrkamp.

Roesler-Graichen, Michael. 2018. Studie des Börsenvereins: Der Buchmarkt verliert vor allem jüngere Käufer. *Börsenblatt*, 18. Januar 2018. https://www.boersenblatt.net/artikel-studie_des_boersenvereins.1422566.html.

Schneider, Ute. 2016. Geschichte des Lesers – Moderne. In *Handbuch Lesen*, Hrsg. Ursula Rautenberg und Ute Schneider, 765–792. Berlin/New York: De Gruyter.

S.H. 2019. Of Snowflakes and Stereotypes. Bret Easton Ellis is Wrong About Millennial Reading Habits. *The Economist* (30. April). https://www.economist.com/prospero/2019/04/30/bret-easton-ellis-is-wrong-about-millennial-reading-habits.

Tenbruck, Friedrich. 1989. *Die kulturellen Grundlagen der Gesellschaft. Der Fall der Moderne*. Opladen: Westdeutscher Verlag.

Wolf, Maryanne. 2019. *Schnelles Lesen, langsames Lesen. Warum wir das Bücherlesen nicht verlernen dürfen*. Aus dem Amerikanischen von Susanne Kuhlmann-Krieg. München: Penguin.

Zürcher Hochschule für Angewandte Wissenschaften (ZHAW). MIKE-Studien/JAMES-Studien. https://www.zhaw.ch/de/psychologie/forschung/medienpsychologie/mediennutzung/.

Die Kultur der Digitalität und der Deutschunterricht

Petra Anders

Zusammenfassung

Betrachtet man die Deutschdidaktik als eingreifende Kulturwissenschaft (Kepser 2013), dann hat sie auch die Aufgabe, sich mit dem kulturellen Wandel auseinanderzusetzen, der u. a. durch Studien (vgl. Initiative D21 2020) sichtbar wird. Es sind also nicht einzelne Medien und deren Mehrwert für das eine oder andere Unterrichtsziel zu reflektieren (vgl. Krommer 2020). Stattdessen gilt es, die sich durch Medien verändernde Gesellschaft und die damit zusammenhängenden sozialen und kulturellen Prozesse in den Blick zu nehmen. Der Aufsatz führt in die Formen der Kultur der Digitalität (Stalder 2016) ein, setzt diese in Bezug zur Bildung in der digitalen Welt (KMK 2016) und zeigt an deutschdidaktisch relevanten Lerngegenständen und unter Einbezug der pädagogischen Idee einer „Creative Learning Spiral" (Resnick 2017) Förderungsmöglichkeiten der für die Digitalität relevanten Kompetenzen im Deutschunterricht.

Schlüsselwörter

Deutschdidaktik · Digitalität · Digitalisierung · Kulturwissenschaft · Partizipation · Filmdidaktik · Scratch · Kompetenzen

---

P. Anders (✉)
Humboldt-Universität zu Berlin, Berlin, Deutschland
E-Mail: petra.anders@hu-berlin.de

© Der/die Autor(en), exklusiv lizenziert durch Springer-Verlag GmbH, DE, ein Teil von Springer Nature 2021
U. Hauck-Thum und J. Noller (Hrsg.), *Was ist Digitalität?*, Digitalitätsforschung / Digitality Research, https://doi.org/10.1007/978-3-662-62989-5_10

1 Die Kultur der Digitalität

1.1 Kulturwissenschaftliche Betrachtung der Digitalisierung

Folgt man den aktuellen statistischen Angaben der „Initiative D21", dann scheinen digitale Medien in unserer Gesellschaft – hier konkret bezogen auf die Bundesrepublik Deutschland – sehr präsent zu sein: Der überwiegende Teil der Bevölkerung und nahezu alle Heranwachsende ab 14 Jahren in Deutschland nutzen das Internet; die sogenannten Offliner*innen werden teilweise von anderen mit Daten und Diensten mitversorgt (Initiative D21 2020, S. 12 f.). Am häufigsten partizipieren die Menschen in Form von Internetrecherchen und Instant-Messaging-Dienste am digitalen Netz (Initiative D21 2020, S. 21). Durch diese gesellschaftliche Entwicklung scheint es sinnvoll, im Zuge der Digitalisierung nicht nur technische Veränderungen zu betrachten (vgl. Kabaum und Anders 2020, S. 315), sondern auch die für das Web 2.0 signifikanten kulturellen und sozialen Prozesse.

Eine solche kulturwissenschaftliche Auseinandersetzung mit digitalen Medien und deren Wirkung fußt auf Marshall McLuhans These: Das Medium ist die Botschaft. Medien sind also nicht nur Boten, die Inhalte transportieren. Vielmehr generieren sich Inhalte auch durch die Art und Weise, wie bestimmte Medien für die Sender_innen und Empfänger_innen verfügbar sind. Dadurch, dass heutige digitale Medien konvergent sind (vgl. Jenkins 2006), wird ein Inhalt über vielfältige Medien gleichzeitig generiert: Sobald eine Information also digital vorliegt, können Personen – über soziale Netzwerke – diese teilen. Je nach Art und Weise des Netzwerkes ändert sich der Inhalt der Information. Einerseits ist die Rezeption abhängig davon, über welches Medium die Botschaft geht. Andererseits verändert sich der Inhalt dadurch, dass alle Personen, die Zugriff auf den Inhalt haben, diesen kommentieren, in Fragmente zerlegen und erweitern können. Ein Inhalt wird in der digitalen Welt stets neu kontextualisiert und verschmilzt mit der jeweiligen Medienumgebung, sodass die De-kontextualisierung eine große Herausforderung für diejenigen darstellt, die sich mit einem Inhalt auseinandersetzen. Auch wirtschaftliche Interessen greifen in die Darbietung von Inhalten ein: Clickbaiting-Nachrichten (Klickköder) erhalten besonders reißerische Titel oder ethisch fragwürdige Thesen, um Absatz zu schaffen.

Für Jenkins erzeugt diese Konvergenz digitaler Medien eine sogenannte Partizipationskultur (2006) mit einem „relativ niedrigschwelligen Zugang zu künstlerischem Ausdruck und bürgerlichem Engagement", in der die Mitglieder „darauf vertrauen, dass ihre Beiträge von Bedeutung sind" (Jenkins et al. 2009, S. 5 f.). Der Journalist Dirk von Gehlen (2013) spricht davon, dass die Digitalisierung die Kunst und die Kultur „verflüssige" und immer wieder neue Versionen schaffe. Der vorliegende Beitrag stützt sich auf die eher kritische, kulturwissenschaftliche Perspektive von Felix Stalder. Sein Ansatz wird in der Debatte um digital unterstützte (Hoch-)schulbildung genannt (van Ackeren et al. 2019; Kónya-Jobs 2019; Aufenanger 2020), ist aber noch nicht hinreichend aus deutschdidaktischer Perspektive reflektiert worden, obwohl seine Gesellschaftsanalyse – so die These des Beitrags – grundlegend für eine zeitgemäße Bildung ist.

1.2 Formen der Kultur der Digitalität

Im Gegensatz zu Jenkins nimmt Stalder selbst keine pädagogisch-didaktischen Implikationen vor. Wohl aber dreht er Jenkins` affirmativen Ansatz um: Während jener immer wieder – und zu Recht (vgl. Initiative D21 2020, S. 28) – auf den digital gap hinweist, für Bildungsgerechtigkeit argumentiert und von der Grundannahme ausgeht, dass sich Menschen im Netz frei bewegen und von der Gemeinschaft in der digitalen globalisierten Welt vorwiegend profitieren, macht Stalder auf den bereits von wirtschaftlichen Interessen durchdrungenen Mechanismus der digital geprägten Welt aufmerksam, in der die Freiheit der oder des Einzelnen und die konstruktive Kraft der Gemeinschaft illusorisch seien.

Seiner Beschreibung nach ist die westliche Kultur eine Kultur der Digitalität (Stalder 2016). Formal bestünde diese aus drei Formen: Referentialität, Gemeinschaftlichkeit und Algorithmizität. Alle drei Formen seien bereits durch einen kulturellen Wandel vorbereitet, der seinen Ursprung im 19. Jahrhundert hat (vgl. Stalder 2016, S. 11). Im Unterschied zu den früheren Netzwerken produzierten sich Menschen aber ab der Einführung des Smartphones im Jahr 2007 in Internet-Communities und OpenSource-Kulturen in einem Netzwerk, das endlos wirke. Dieses Netzwerk sei mittlerweile ein gesamtgesellschaftliches Phänomen mit neuen ethischen und kulturellen Konventionen, wie etwa die prozessualen und auf offene Interaktion ausgerichteten Kommunikationspraktiken. Verhaltensmuster, die durch die Verwendung digitaler Tools entstehen, würden Mainstream und prägten wiederum andere Lebensbereiche (Stalder 2016, S. 19). Mit einem Beispiel aus der Forschung von Angela Keppler (2016) sei Stalders These veranschaulicht. Sie zeigt, wie sich angesichts mobiler Endgeräte die Alltagskommunikation ändert: Es etabliere sich eine „Kommunikationsetikette", die regelt, wie lange ein an einem Gespräch Beteiligter parallel auf sein oder ihr Handy schauen darf, ohne dass es unhöflich wirkt. Die Aktualisierung von Medieninhalten via Smartphone sei darüber hinaus eine „thematische Ressource innerhalb fortlaufender Gespräche" und das gegenseitige Zeigen von z. B. Fotos oder Suchergebnissen würde „sprachlich eingeführt, kontextualisiert und interpretiert, d. h. in einen Zusammenhang mit dem gemeinsamen Gesprächsverlauf gebracht" (Keppler 2016, S. 29 f.). Das Handy wird also zum „gemeinsam geteilten Wahrnehmungsraum, der es den Interaktionsteilnehmern nicht nur ermöglicht, sich auf einen Medieninhalt zu beziehen oder ein mediales Geschehen zu rekonstruieren, sondern auch ein medial vermitteltes soziales Geschehen quasi im Originalzustand in ein laufendes Gespräch zu integrieren." (Keppler 2016, S. 30). An diesem Beispiel wird ersichtlich, dass alle Menschen, unabhängig davon, ob sie selbst ein digitales Endgerät besitzen, ein Teil der Kultur der Digitalität werden, z. B. im Gespräch mit anderen. Das Beispiel verdeutlicht auch, dass sich der oder die Einzelne in kulturelle Prozesse der Digitalität über Akte der Referentialität einschreibt: Er oder sie rekurriert im Gespräch auf ein Bild (im Handy), ein anderer wählt Inhalte (aus dem Internet) aus, gestaltet Neues, synthetisiert, vermischt Materielles mit Digitalem – z. B. im 3D-Druck – und nimmt Bezug auf Vergangenes oder Paralleles, z. B. in Form von Re-Makes oder Mash-Ups. Die Bearbeitung und Neu-Kreation werden zu alltäglichen Handlungen, weil technische Möglichkeiten zur Veränderung allein durch das Smartphone und diverse Apps gegeben sind. Um im Netz sichtbar zu werden, genüge nach Stalder jedoch nicht die Bezugnahme, sondern es bedarf der Aufmerksamkeit durch andere. Wird der erste Follower und dann die Gemeinschaft auf einen Beitrag aufmerksam, entstehen „lokale Inseln der Bedeutung" (Stalder 2016, S. 165). Nicht der oder die Einzelne, sondern das Feedback der Anderen entscheidet also, ob Inhalte relevant sind bzw. ob Bedeutungen stabilisiert werden. Die Gemeinschaftlichkeit, die sich in jedem Netzwerk und zu jedem Inhalt immer wieder formiert, ist nach Stalder geprägt durch informellen, aber strukturierten Austausch. Sie zielt auf neue Wissens- und Handlungsmöglichkeiten im Rahmen eines Praxisfeldes (z. B. ein soziales Netzwerk), sie macht Ressourcen zugänglich und bildet einen zirkulären, selbstreferenziellen Austausch zwischen Novizen und Experten, die sich ständig neu rekrutieren. Die wichtigste Ressource im sozialen Netzwerk 2.0 ist, so Stalder, die Aufmerksamkeit der Anderen, die durch sichtbares Feedback eine Anerkennung schafft. Die bisher kleinste Einheit der Anerkennung ist ein Like. Für den oder die Einzelne(n) entstehe sowohl Motivation als auch äußerer Druck, ständig präsent zu sein, etwa durch Updates, Tweets, geteilte Bilder, Likes. Entscheidend sei, wen man im Netzwerk hat und wer man im Netzwerk ist. Obwohl die Gemeinschaftlichkeit eine Macht auf die Einzelnen ausübt, ist nach Stalder die Macht der Gemeinschaft wiederum stark eingegrenzt durch die Algorithmizität: Denn die Formate, in denen die Gemeinschaften handeln, würden nicht von der Gemeinschaft selbst entwickelt, sondern durch die Großanbieter, die vor allem Interesse an persönlichen Daten haben, die wiederum alle Nutzer_innen denken generieren zu müssen, um anerkannt zu werden. Die Großanbieter programmieren für die Sozialnetzwerke entsprechende Algorithmen als Handlungsanweisungen. Algorithmen sortieren für uns die Datenmengen von Big Data zu Small Data, lösen vordefinierte Probleme und transformieren prozessierbare Daten, damit wir Nutzer diese wiederum erfassen können. Sie bilden die Grundlage unseres weiteren Handelns im Netz. Sie erstellen für jeden User eine andere Ordnung. Die im Netz abgebildete Welt sei also nicht repräsentativ, sondern würde personenbezogen generiert. Die eigene Handlungsumgebung im Netz wird somit von anderen, vor allem von Großanbietern, determiniert. Nur wer über eigenes Spezialwissen verfüge, könne die ihm zugeordneten Suchergebnisse beurteilen. Als Nutzer_in habe der oder die Einzelne keine Einflussmöglichkeit auf die Ausgestaltung oder die Entwicklung seiner Handlungsbedingungen – obwohl er oder sie sich im referenziellen Handeln im Netz, also z. B. beim Posten, Liken, Forwarden und Remixen, frei und autonom fühle. Einerseits mache uns eine Welt ohne Algorithmus also „blind" (Stalder 2016, S. 13), andererseits steuerten uns ebensolche Algorithmen im täglichen

Miteinander. Zur Folge hätte nach Stalder diese Kultur der Digitalität, dass sich künftig postdemokratische Tendenzen abzeichneten, wenn wir der Herrschaft der Wenigen, sprich der großen Konzerne, nicht verstärkt partizipative Strukturen entgegensetzten: „Unser Handeln bestimmt, ob wir in einer postdemokratischen Welt der Überwachung und der Wissensmonopole oder in einer Kultur der Commons und der Partizipation leben werden." (Stalder 2016, Klappentext).

Eine Lösung sei, eigenverantwortlich Commons aufzubauen, um partizipieren zu können, anstatt von Wissensmonopolen anderer Anbieter dominiert zu werden.

2 Der Deutschunterricht in der Kultur der Digitalität

2.1 Neue Anforderungen und Lerngegenstände

Eine kulturwissenschaftliche Hypothese als Grundlage für unterrichtliches Handeln zu nehmen, erscheint zunächst befremdlich. Aus Stalders Thesen lassen sich aber konkrete Fragestellungen für den Deutschunterricht ableiten, u. a.: Wie kann der Deutschunterricht die Heranwachsenden dabei unterstützen, die hypothetisch angenommenen Formen der Digitalität überhaupt zu erkennen und nicht „blind" gegenüber diesen Steuerungsmechanismen zu bleiben und wie können die Heranwachsenden eigenverantwortlich in möglichst selbstbestimmten Netzwerken kulturell teilhaben?

Stalders Annahmen lassen sich bestens mit deutschdidaktischen Grundüberlegungen verbinden: Frederking et al. gehen selbst, ohne es so zu benennen, von einer Digitalität aus, wenn sie hervorheben, dass Medienpraxis und Realität nicht voneinander zu trennen seien (2018, S. 69) und Medien nicht nachträglich, parallel oder separat zur Lebenswelt der Heranwachsenden hinzukämen, sondern immer schon in die lebensweltliche Konstruktion von Wirklichkeit eingewoben seien (Frederking et al. 2018, S. 69). In der Medienpädagogik (Baacke 1990) sowie in der Kindheitsforschung (vgl. Tillmann et al. 2013) ist diese Mediatisierung bereits durch viele Beispiele belegt.

In der – zeitlich vor Stalders Publikation – entwickelten KMK-Strategie zur Bildung in der digitalen Welt (2016) sind Formen einer Kultur der Digitalität bereits mitgedacht: So ist die Referentialität im Kompetenzbereich „Kommunizieren und Kooperieren" (KMK 2016, S. 11) ausdrücklich verankert, wenn Schüler_innen z. B. „Referenzierungspraxis beherrschen (Quellenangaben)"; „Dateien, Informationen und Links teilen", „ethische Prinzipien bei der Kommunikation kennen und berücksichtigen" sowie „an der Gesellschaft aktiv teilhaben" sollen. Die Gemeinschaftlichkeit als Form der Digitalität ist vor allem im Kompetenzbereich „Analysieren und Reflektieren" angelegt, wenn Schüler_innen die „interessengeleitete Setzung, Verbreitung und Dominanz von Themen in digitalen Umgebungen erkennen und beurteilen" (KMK 2016, S. 13) sowie „die Bedeutung von digitalen Medien für die politische Meinungsbildung und Entscheidungsfindung kennen und nutzen" sollen. Die Form der Algorithmizität fällt quasi mit dem Kompetenzbereich „Algorithmen erkennen und formulieren"

(KMK 2016, S. 11) zusammen, wobei Schüler_innen u. a. „Funktionsweisen und grundlegende Prinzipien der digitalen Welt kennen und verstehen" (KMK 2016, S. 13) sollen. Ein solches grundlegendes Prinzip dieser „digitalen" Welt könnte – im Rückschluss –wiederum die Digitalität sein.

Geht man folglich davon aus, dass die Formen der Digitalität unsere westliche Kultur prinzipiell prägen, dann ist es selbstverständlich, dass die Teilhabe an den oben skizzierten Formen der Digitalität zur Individuation, Sozialisation und Enkulturation (vgl. Kepser und Abraham 2016) und daher in den Deutschunterricht gehört.

Bereits Jenkins et al. hatten mit dem Projekt der New Media Literacies versucht, das informelle Lernen in der digital geprägten Welt mit der formalen Bildung und ihren Institutionen zusammenzubringen (vgl. Clinton et al. 2015, S. 204), um jungen Menschen dabei zu helfen, sich an einer „vernetzten Öffentlichkeit" sowohl „vollständig" (Clinton et al. 2015, S. 211) als auch „sinnstiftend" (Clinton et al. 2015, S. 217) zu beteiligen. Speziell die Frage, wie Heranwachsende an der „digitalen" Welt partizipieren können (Brendel-Perpina 2017, S. 12; vgl. auch Anders 2018a, b) und „wie das Medienhandeln von Schüler_innen zwischen informellen und formalen Kontexten zum Wohle ihrer literarischen Medienbildung zueinander in Beziehung gesetzt werden kann" (Kónya-Jobs 2019, S. 88), scheint auch die Deutschdidaktik bereits zu beschäftigen. Um partizipieren zu können, ist der Wortschatz in der Fachsprache nötig: So gehört die Kenntnis zentraler Begriffe (z. B. wie Algorithmus, Cloud, Fake News) zum „fundierten Verständnis entsprechender öffentlicher Diskurse" (Initiative D21 2020, S. 31), wobei „eine Einordnung der Begrifflichkeiten in den richtigen Kontext […] nur einer Minderheit in Deutschland wirklich möglich [ist]" (Initiative D21 2020, S. 31).

Zu bedenken ist ferner, dass sich fachspezifische Lerninhalte des Sprach- und Literaturunterrichts angesichts der Digitalität verändern: Aus sprachdidaktischer Sicht wäre beispielsweise die Keyboard-to-Screen-Kommunikation (vgl. Kröger-Bidlo 2019, S. 103) als Unterrichtsinhalt wichtig, um „starke emotionale bzw. expressive Funktion multimedialer Inhalte" (Kröger-Bidlo 2019, S. 103) zu erschließen, mit der „eine Art Gemeinschaftsgefühl und Partizipation an den Aktivitäten des Anderen" (Arens 2014, S. 101) erreicht wird. Aus literaturdidaktischer Sicht wäre die Netzliteratur im Rahmen ihrer Produktion, Rezeption und Distribution als wichtiger Unterrichtsinhalt identifiziert, wobei diese „untrennbar an die spezifische Ästhetik und die Partizipationskultur des World Wide Web in seiner aktuellen Form als Social Web gebunden und offline nicht realisierbar" ist (Winko 2009, S. 293 f., zitiert nach Kónya-Jobs 2019, S. 89). Sobald der Lerngegenstand durch das ihn transportierende Medium dynamischer und interaktiver wird, verändern sich auch die Anforderungen an die Rezipient_innen, die nicht nur User, sondern auch Maker (Anders 2018b) und Prosumer, d. h. Producer und Consumer (im wirtschaftlichen Sinne, vgl. Toffler 1980) sind. Jenkins et al. sprechen von „Interpretationsgemeinschaften", die Heranwachsende in der tatsächlichen Netzumgebung bilden sollten, nachdem sie selbst im textnahen Lesen (close reading) „persönliche Lesemotive" und „Ziele" (Clinton et al. 2015,

S. 219) definiert haben, über die sie sich in der „Kreativgemeinschaft" des „Multikulturalismus" (Clinton et al. 2015, S. 220) austauschen möchten. Aktuelle Forschungsergebnisse zur literarischen Anschlusskommunikation im Social Web zeigen, dass die Übung eines solchen textnahen Lesens und des darauffolgenden Online-Austauschs ganz wesentlich ist (Kónya-Jobs 2019, S. 95).

2.2   Herausforderungen für die Schule

Wie aber sollen Kinder und Jugendliche am dynamischen Netz und den darin sich zeigenden Lerngegenständen teilhaben? Würden sie von schulischer Seite aus in eine Kultur der Digitalität hineinsozialisiert, ergäben sich medienspezifische Herausforderungen: Der Bildungsprozess im Humboldtschen Sinne, bei dem es um eine „wechselseitige Erschließung von Mensch und Welt" geht, und in dessen Zuge „der Mensch Spuren in der Welt hinterlässt" (Fuchs 2015, S. 41), ist in einer dynamischen digital geprägten Welt unweigerlich mit digitalen Fußspuren verbunden. Die Zugänge für Kinder, als Prosumer teilzuhaben, sind begrenzt. Der eigenständige Umgang mit Sozialnetzwerken ist aus guten Gründen erst ab 12 oder 16 Jahren erlaubt. Im Unterricht dürfen Schüler_innen ein eigenes Handy gar nicht (Monitor – Digitales Lernen an Grundschulen 2017, S. 7) oder – in der weiterführenden Schule – nur äußerst selten benutzen (Monitor – Digitales Lernen an Schulen 2017, S. 37) und so ist es kaum möglich, die Dynamik der Kommunikation in sozialen Netzwerken unterrichtlich am konkreten (und nicht simulierten) Beispiel zu nutzen, wie es etwa in einem situationsorientierten integrativen Sprach- und Medienunterricht in der Digitalität denkbar wäre.

Die Konsequenz dieser u. a. aus Datenschutzgründen herausfordernden Situation ist derzeit, dass digitale Medien in der Schule zwar vorkommen; es handelt sich aber eher um Digitalisierungsprojekte und weniger um die Begegnung mit Digitalität. Lehrkräfte setzen auf den Techikeinsatz einzelner Tools, nämlich laut Bertelsmann Stiftung in der Grundschule vor allem auf frontale Anwendungen (u. a. Smartboard, Beamer, Lehrfilme), Arbeitstools (MS Office-Programme, Book Creator, Tools zum Programmieren, E-Mail) und Maßnahmen zum Medienkompetenzerwerb (Computer- und Internetführerschein, Medienpass) (Monitor – Digitales Lernen an Grundschulen 2017, S. 15). In der weiterführenden Schule dominieren digital unterstützte Tätigkeiten wie Projektarbeiten oder Referate, welche mit digitalen Medien erstellt werden, das Lesen von pdf-Dokumenten oder eBooks im Unterricht, der Einsatz von Lernvideos oder Präsentationstools, der Umgang mit Textverarbeitungsprogrammen wie Word und Excel, das Üben an Selbstlernprogrammen wie z. B. Lern-Apps, Lernspiele oder Simulationen, die kreative Arbeit zur Erstellung von Musik oder Videos, Stationenlernen mit digitalen Medien sowie in verschwindend geringem Ausmaß die Nutzung von Social Media wie WhatsApp oder Snapchat für die Unterrichtsvor- und -nachbereitung (Monitor – Digitales Lernen an Schulen 2017, S. 28). Dieser Fokus hat sich vermutlich auch im pandemiebedingten Fernunterricht nicht verändert.

Wie hieraus ersichtlich wird, klammern Schulen aus dem Lernen mit digitalen Medien alle sozialen Prozesse aus, die wesentlich für die Digitalität sind und die in der KMK-Strategie mit den oben genannten Kompetenzbereichen eigentlich zu fördern wären – allen voran die domänenspezifischen Kompetenzen Kommunizieren und Kooperieren, die auch den Deutschunterricht betreffen. Die von Stalder beschriebenen Verhaltensmuster, die durch das Netz entstehen – z. B. neue ethische und kulturelle Konventionen, prozessuale und auf offene Interaktion ausgerichtete Kommunikationspraktiken (Stalder 2016, S. 19) – werden unterrichtlich nicht aufgegriffen. Stattdessen wird bereits Bekanntes mit neuen Medien vermittelt und Analoges durch Digitales ersetzt (z. B. Online-Recherche statt Lexikon, Lern-App statt Schulbuch, Videokonferenztool statt Klassenraum).

Folglich führen diese digital unterstützten Aktivitäten keineswegs zu kultureller Teilhabe an der Digitalität und zur Urteilsfähigkeit in Bezug auf eine ‚digitale Welt‘, da die Heranwachsenden lediglich im Umgang mit Tools beschäftigt werden. Die zentrale Frage, wen man im Netzwerk hat und wer man im Netzwerk ist, spielt in institutionellen Bildungsprozessen bisher keine Rolle, sondern nur im Freizeitbereich (vgl. Monitor – Digitales Lernen an Schulen 2017, S. 15). Auch für Heranwachsende, die das Programmieren in der Schule lernen, wird nicht ersichtlich, wie und durch wen die sozialen Steuerungsprozesse im Netz ablaufen. Der fachgerechte Umgang mit der in (Hoch-)Schulen angeschafften Technik zielt auf das Lernen mit Medien, ohne dass neue Medienliteralitäten ausgebildet würden, die nämlich „keine technischen Fertigkeiten im Zusammenhang mit speziellen Medienplattformen, sondern vielmehr konzeptuelle (…) und soziale Fähigkeiten" sind (Clinton et al. 2015, S. 224). Nida-Rümelin und Weidenfeld heben dementsprechend kritisch hervor, dass die Schule nicht die Aufgabe habe, den Umgang mit digitalen Produkten einzuüben (2018, S. 153).

Um aber Medienliteralitäten auch nur annähernd erwerben zu können, sind unterrichtlich einsetzbare Lerngegenstände nötig. In der Deutschdidaktik verweisen aktuell Kepser (2020) und Kröger-Bidlo (2019) auf sehr konkrete Möglichkeiten, Erfahrungen der Heranwachsenden mit Social Media in den Unterricht einzubinden. Die folgenden sachanalytischen Überlegungen zu zwei Beispielen zeigen auf, wie Stalders kulturwissenschaftliche Überlegungen – verbunden mit wesentlichen, aber bisher vernachlässigten Kompetenzen der KMK-Strategie – in das Blickfeld der Lerner_innen rücken können.

3 Kompetenzorientierter Umgang mit der Digitalität

3.1 Digitalität als ein grundlegendes Prinzip der digitalen Welt erkennen und verstehen

Das erste Beispiel berührt die Kompetenzbereiche „Analysieren und Reflektieren" sowie „Algorithmen erkennen" (KMK 2016).

Voraussetzung für das Analysieren, Erkennen und Reflektieren ist es, Heranwachsende, die im Zuge einer mediatisierten Kindheit eher subjektiv involviert digitale Medien nutzen, in Distanz zum Gegenstand der Betrachtung zu bringen. Die Wahl fällt auf einen filmsoziologischen Ansatz (vgl. Keppler und Peltzer 2018, S. 9 ff.): Sucht man für Stalders Annahme einer Kultur der Digitalität eine gesellschaftliche und das Modell veranschaulichende Entsprechung, findet man diese in der sogenannten Internetliteratur, genauer in der Literatur über das Internet (Kepser 2000, S. 107 f.), wozu auch Filme gezählt werden dürften, die das Internet zum Thema und Motiv machen. Filme gelten bereits seit Balàzs (1924) und Kracauer (1960) als analytische Medien von Gesellschaft. Schon Cassirer (1944) sah die Kunst, zu der ein Film zählt, als eine symbolische Form, durch die Kultur sichtbar wird und mit der Welt angeeignet wird. Durch Filme können wir „sehr viel über soziale und kulturelle Wirklichkeiten westlicher und auch nicht-westlicher Gesellschaften erfahren" (Mai und Winter 2006, S. 11). Sie sind „ebenso Vermittler als auch Archive gesellschaftlichen Wissens" (Keppler und Peltzer 2018, S. 1) und gelten als „Instanzen der Produktion und Distribution gesellschaftlich geteilter Orientierungen" (Keppler und Peltzer 2018, S. 5). Schülerinnen und Schüler reflektieren dann also weniger über ihre eigene Mediennutzung als über einen von anderen (im Film) gezeigten Umgang mit Medien in einer sich verändernden Welt. Da immerhin 71 % der in der YouGov-Studie befragten Schüler_innen denken, dass sich ihre Lehrkräfte nicht mit Social Media auskennen (vgl. Monitor – Digitales Lernen 2017, S. 51 f.) und sich in 2017 nur rund 15 % der Lehrkräfte als versierte Nutzer_innen digitaler Medien bezeichnen (Monitor – Digitales Lernen 2017, S. 6), dient ein Film nicht nur für Schüler_innen, sondern auch für Lehrkräfte als Veranschaulichungsmedium für die sozialen Prozesse in der Digitalität.

Ein für die Ausbildung der genannten Kompetenzen besonders geeigneter Lerngegenstand ist der US-amerikanische Familienanimationsfilm „Chaos im Netz" (2018, vgl. Abb. 1), als Vertiefung der Reflexionsprozesse eignen sich Ausschnitte von zwei weiteren Filmen anderer Genres („Nosedive" 2016, „Sorry we missed you" 2019). Alle drei Filme sind zu einer Zeit (2016–2019) produziert

Abb. 1 Das Internet als gesamtgesellschaftliches Phänomen in „Chaos im Netz", offizieller Trailer, https://www.youtube.com/watch?v=T73h5bmD8Dc (Min. 0:47)

und erstausgestrahlt worden, für die Stalder eine Kultur der Digitalität annimmt. Weniger an den Filmtiteln, sondern mehr an den Filmankündigungen ist ersichtlich, dass sich die Filme jeweils explizit mit der Rolle digitaler Medien in der heutigen bzw. zukünftigen Gesellschaft auseinandersetzen.

Als Sequel zum ersten Teil „Ralph reicht's" (2012) legte „Chaos im Netz" (FSK 6) den „besten Kinostart in Deutschland" hin (Becher 2019). Deutsche und österreichische Rezensionen heben hervor, dass der Film „ein fantastischer Blick auf das für uns schon alltägliche Internet" (Schotzger 2019) sei und sich besonders für Kinder eigne, da er die Welt des Internets mit ihren abstrakten Strukturen „anschaulich" mache (Kielblock 2019). Während Schering (2019) und andere Kritiker_innen den Vorteil des Filmes in der emotionalen Freundschaftsgeschichte sehen, „die halt im Internet spielt" (Schering 2019), anerkennen andere den besonderen Wert des Films in der „intelligente[n] wie amüsante[n] Versuchsanordnung über die diversen Ebenen der Virtualität" (Wunder 2019) und in dem „Versuch, die Komplexität des World Wide Web auf das Vokabular eines Animationsfilms herunterzubrechen" (Wunder 2019). Eine US-amerikanische Rezensentin bemängelt, dass der Film nicht kritisch genug mit den Schattenseiten der digitalen Welt umgehe: „There are moments where it comes very close to making a critical remark. But in the end, it doesn't have any profound statement to make on modern life and whether the internet is a force for good or evil. It's just kinda there." (Kaiser 2018). Der Zeitschrift Gamers fallen dagegen kritische Signale auf, z. B. dass die „User des Netzes" nur als „stumme Avatare" (Rottensteiner 2019) gezeigt würden. Die New York Times hebt schließlich auf die filmische Inszenierung des Sozialraums Internet im weitesten Sinne („the broader internet") ab, mit „all the pandering, cruelty, addictive behavior and viral shamelessness that we've come to associate with online culture" (Ebiri 2018). Der Kritiker kommt zu dem Schluss, dass Ralph einen „message board abuse" erleide und der Film überaus deutlich die „here-today, gone-tomorrow nature of fame in the digital era" zeige, vielmehr noch sei der Film eine deutliche Mediensatire darüber, wie „a life lived online makes monsters of us all" (Ebiri 2018). An diesen Beobachtungen setzt die folgende Analyse an: „Chaos im Netz" findet nicht nur für das Internet, sondern für die mit der Kultur der Digitalität verbundenen Prozesse und Akteure treffende filmische Bilder (vgl. Abb. 1). Ralph, die Hauptfigur, zeigt schon beim rasant dargestellten Übergang von der Offline-Welt der Spielautomaten hinein ins dynamische Web deutliche Vorbehalte gegen diese ihm fremde Welt, während sich seine jüngere Freundin Vanellope mit Begeisterung in der neuen digitalen Welt bewegt. Der Film inszeniert das Netz als gesamtgesellschaftliches Phänomen (Stalder 2016), das alle Lebensbereiche einschließt.

Als sich Ralph in die Trends im Netz (z. B. unboxing videos, Katzenvideos) kulturell durch Re-Mix und Mash-Up-Verfahren einschreibt (Referentialität), wird er durch die Aufmerksamkeit der anderen zum „BuzzzTube"-Star. Dem von Stalder skizzierten Kreislauf der Digitalität begegnet der Film kritisch. Die Teilnehmer_innen der im Film dargestellten Social-Media-Kultur sind nicht nur als „stumme Avatare" (vgl. oben) zu sehen, sondern muten durch die quadratische Kopfform auch als Blockhead (Synonym für eine dumme Person) an. Sie tragen auf ihrer Kleidung an der Stelle des biologischen Herzens einen Aufdruck mit dem Herz-Symbol, das jede_r zugleich vervielfältigen kann, um Zustimmung auszudrücken. Dieses Feedback saugt eine vor dem jeweiligen Bildschirm postierte andersaussehende Figur mit natürlicher Kopfform mit einer Art Staubsauger ein. Offensichtlich wird, dass das Web von Unternehmen gesteuert ist, die Herzen (d. h. Daten) einfangen und weiterverarbeiten (Algorithmizität). Die Blockheads (oder „stumme Avatare") sind weit entfernt davon, eigene Commons zu schaffen und das Netzwerk selbstbestimmt zu prägen. Sie reagieren nur auf die Postings der jeweils anderen (Gemeinschaftlichkeit). Die Willkür der Gemeinschaftlichkeit verdeutlicht der Film u. a. dann, wenn Ralph zunächst aus der Froschperspektive auf die übermächtig wirkenden Kommentarleisten zu seinen geposteten Videos schaut, in denen sich hate speech-Kommentare über ihn ergießen. Aus der darauffolgenden Vogelperspektive erscheint der gedemütigte Ralph nach diesem offensichtlichen „media board abuse" (vgl. oben) unscheinbar klein.

Die Figur Yesss verkörpert in „Chaos im Netz" den Algorithmus: Diese in der Distanzfarbe Blau colorierte Figur kennt alle Vorgänge im Internet, schafft personalisierte Netzwerke, z. B. eine eigene Freundinnenwelt für Vanellope, und hat einen eigenen Browser in Form eines Raumschiffes, mit dem sie unabhängig von anderen durch die digitale Welt fährt. Sie teilt Ralph als Weisheit mit, niemals die Kommentare auf Videoplattformen zu lesen. Sie symbolisiert damit einerseits die Übermacht der Algorithmen, die über den Dingen zu stehen scheinen; andererseits macht sie deutlich, dass die Gemeinschaftlichkeit, die durch Kommentare angeblich die Bedeutung des Einzelnen steuern kann, im Grunde keine Macht hätte, wenn sich der Einzelne unabhängig machte. Damit greift sie die wesentliche Aussage von Stalder auf, dass der oder die Einzelne Commons bilden müsse, anstatt sich den Wissensmonopolen zu unterwerfen. Genau genommen lässt sich anhand dieses Filmes die von Stalder angenommene Algorithmizität in zwei Bereiche unterscheiden: in die Algorithmizität I, die jene Zuordnungsfunktion eines Algorithmus meint, und in die Algorithmizität II, mit der das Unternehmen bezeichnet werden kann, das eine (meist ökonomische) Absicht mit der Digitalisierung bestimmter Prozesse bezweckt.

Der als Freundschaftsgeschichte angelegte Animationsfilm „Chaos im Netz" lässt sich als Visualisierung der Formen der Kultur der Digitalität interpretieren und lädt – mit altersgemäßen Impulsen und filmdidaktischen Ansatzpunkten (vgl. Anders und Staiger 2019) zur Auseinandersetzung mit Digitalität als Prinzip der digitalen Welt ein. Zur vertieften Reflexion über die Folgen einer solchen Welt liegen kinder- und jugendliterarische Texte zur Digitalität vor (Anders 2020). Im Sinne eines Spiralcurriculums in den Kompetenzbereichen „Analysieren und Reflektieren" sowie „Algorithmen erkennen" (KMK 2016) können in der weiterführenden Schule der Spielfilm „Sorry we missed you" (Klabunde 2019) und die dystopische Science-Fiction-Episode „Nosedive" der Serie „Black Mirror" behandelt werden. In beiden filmischen Statements zur Digitalität sehen wir die verheerenden, menschenverachtenden Konsequenzen einer auf Optimierung geeichten, digital gesteuerten Gesellschaft. Eine solche Reflexion der – wenn auch filmisch inszenierten – „Umbrüche[n], die durch Digitalisierung entstanden oder im Entstehen sind", gehört „zum Pflichtprogramm des Deutschunterrichts" (Kepser 2018, S. 263). Filme können dabei „in zweifacher Hinsicht instrumentell aufgefasst werden: als eine Art Werkzeug der Welterschließung und (Selbst-) Verständigung, der individuellen wie kollektiven Orientierung und Entlastung, zugleich als eine Art Seismograf, der tieferliegende Zustände, Spannungen und Bewegungen misst (oder an dem diese, symptomatisch, ablesbar werden)" (Zywietz 2016, S. 18).

3.2 Eigene Netzwerke bilden

Das von Mitchel Resnick entwickelte Netzwerk Scratch – „the world's leading coding platform for kids" (Resnick o. J.) – bietet einen (nicht-öffentlichen) virtuellen (Klassen-) raum, in dem Lehrkräfte, Eltern und Schüler_innen die Formen der Digitalität ausprobieren und zugleich reflektieren können. Resnick schlägt für die Nutzung dieses Angebots die Projektarbeit im Sinne einer „Creative Learning Spiral" vor, die er pädagogisch mit Fröbel und Montessori zu begründen versucht und die folgende, rekursiv angelegte Lernphasen vorsieht: Die Schüler_ innen entwickeln eine Projektidee (imagine), setzen ihre Ideen in einer digitalen Umgebung mit den zur Verfügung stehenden Mitteln um (create), entwickeln spielerisch und ausprobierend ihre Idee weiter bzw. verwerfen sie und denken sich etwas Neues aus (play), teilen ihr Projekt anderen Schüler_innen mit (share) und reflektieren gemeinsam über das bereits Entwickelte (reflect), um daraus dann das Projekt mit weiteren Ideen fortzuführen oder etwas Neues zu beginnen (imagine) (vgl. Resnick 2017).

Ein Scratch-Projekt lässt sich fachdidaktisch gut im Deutschunterricht im Kontext der Digitalität verorten, weil die programmierten Bild-Text-Animationen (vgl. Abb. 2) zur Netzliteratur gehören. Dieses zweite Beispiel in diesem Beitrag berührt die Kompetenzbereiche „Kommunizieren und Kooperieren", „Algorithmen formulieren" sowie „Medien in der digitalen Welt verstehen und reflektieren" (KMK 2016), darunter vor allem die Beherrschung der Referenzierungspraxis sowie die Reflexion der Digitalisierung im Sinne sozialer Integration und sozialer Teilhabe. In den oben skizzierten Kompetenzbereichen der KMK (2016) können Kinder nur gefördert werden, wenn sie nicht nur programmieren, d. h. ihre Projekte gestalten (Imaging, Creating), sondern Lehrkräfte und Schüler_innen auch entsprechend die referenziellen Handlungen (Playing, Sharing) thematisieren sowie die Feedbackkultur der anderen hinterfragen und beim eigenen Programmieren erkennen, welche Rolle Algorithmen für die Relevanz des eigenen Projekts im Portal spielen (Reflecting).

Der Schüler oder die Schülerin (in Abb. 2: Pinkant123) schreibt sich mit seinem oder ihrem Projekt (in Abb. 2: „Interactive story") durch Blockly-Coding und den Verweis auf genutzte oder geschaffene Ressourcen (in Abb. 2: Anmerkungen/Danksagungen) kulturell so ein, dass andere mittels der Erläuterung (in Abb. 2: Anleitung) oder eines interaktiven Impulses (in Abb. 2: „What´s your

Die Kultur der Digitalität und der Deutschunterricht

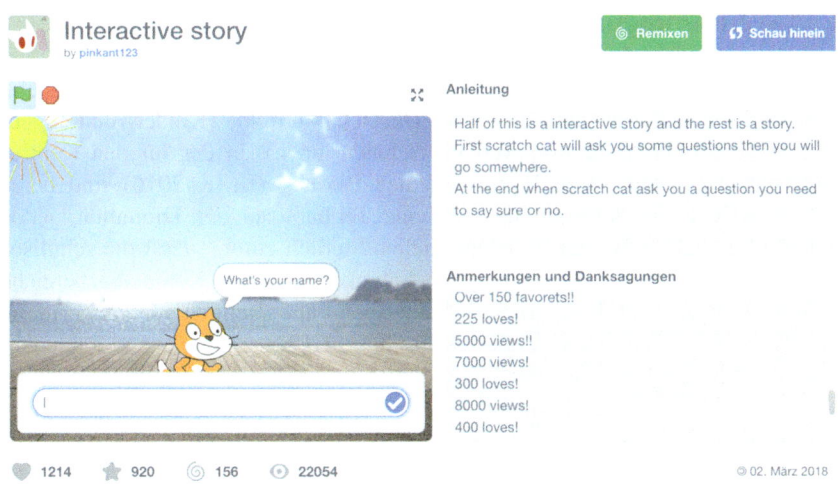

Abb. 2 Projektansicht einer interaktiven Geschichte. https://scratch.mit.edu/projects/204967236

name?") am Projekt partizipieren können. Nutzer_innen der Scratch-Community zollen dem Projekt Aufmerksamkeit (in Abb. 2: 22.054 Views), geben Rückmeldung (in Abb. 2: 1214 Herzen) und verwenden Elemente des Projektes in eigenen neuen Projekten (in Abb. 2: 156 neue Projektableger), so dass sich weitere User innerhalb der vorhandenen Plattform durch Re-Mix-Trees wieder neu kulturell einschreiben.

Das Angebot der Scratch Memories (Dhariwal 2017) fokussiert die oben aufgeworfene zentrale Frage: Wer bin ich im Netzwerk und wen habe ich in meinem Netzwerk? Kinder sind hier aufgefordert, über ihre persönliche Entwicklung („growth") vom ersten eigenen Projekt bis hin zu den Interaktionen und Inspirationen, die sie durch Teilhabe an Scratch im Laufe der Zeit erreicht haben, zu reflektieren:

> You joined Scratch on Jun 9, 2013. Remember the first project you shared! And the first scratchers you followed. The first project you favorited was made by Weirdguy101. The first project you remixed was made by scratchteam. Scratchers really loved this project you made! 177 scratchers remixed this project you made! From the time you had your first followers. From a project without a script… to the one with 327 scripts! From the project without a sprite … to the one with 89 sprites! You have shared 235 projects on Scratch! Here´s to 5 years of imagining, creating, and sharing with Scratch! Scratch on […]! (Dhariwal 2017)

Es zeigt sich hier, dass sich die erfolgreiche Teilhabe an Scratch nicht an der Qualität des einzelnen Coding-Projekts bemisst, sondern an der Fähigkeit, sich in einem bestehenden Netzwerk (Community) zu bewähren, d. h. Follower zu gewinnen, von der Gemeinschaftlichkeit akzeptiert zu werden und das Netzwerk durch Angebote zum Remixen zu erweitern.

4 Zusammenfassung

Die von Stalder beschriebenen Formen einer Kultur der Digitalität spiegeln sich in fachspezifischen Lerngegenständen des Deutschunterrichts (Kinder- und Jugendanimationsfilm, Programmierportal für Schüler_innen). In der für den Deutschunterricht relevanten Strategie zur digitalen Bildung (KMK 2016) sind bereits Kompetenzbereiche definiert, die auf eine Teilhabe an der Digitalität, jedoch gleichzeitig auch auf deren Reflexion zielen. Studien zufolge lässt die schulische Bildung jedoch noch die Förderung der Fähigkeiten in den Kompetenzbereichen (Kommunizieren und Kooperieren, Analysieren und Reflektieren, Algorithmen erkennen und formulieren) außer Acht, die für die Teilhabe an den sozialgesellschaftlichen Prozessen der Digitalität (Referentialität, Gemeinschaftlichkeit, Algorithmizität) wesentlich wären. Der Beitrag lieferte konkrete Anregungen für den Deutschunterricht in jenen Kompetenzbereichen und zeigte, dass die unterrichtlichen Aktivitäten, die bisher nur im Kürprogramm des Deutschunterrichts Erwähnung finden (Kepser 2018, S. 265), für einen zeitgemäßen Deutschunterricht zentraler werden.

Wenn neue, uns noch unbekannte Technologien auf bereits kulturell angelegte Prozesse aufsetzen (vgl. Stalder 2016, S. 20), dann stellt sich für das Fach Deutsch und für die Fachdidaktik generell die Frage, wie sich Schülerinnen und Schüler vom Modus des „Learning by Doing" als derzeit häufigste Form der Wissensaneignung im Umgang mit digitalen Medien (Initiative D21 2020, S. 26) hin zur Reflexion ihrer eigenen Rolle – z. B. als (selbst-)bewusste*r Maker*in oder als Entscheidungsträger*in – in gesellschaftlichen Transformationsprozessen (vgl. Dolata 2011, S. 11) bilden können.

Literatur

»Bildung in der digitalen Welt.« Beschluss der Kultusministerkonferenz vom 08.12.2016 in der Fassung vom 07.12. 2017. 2017. https://www.kmk.org/fileadmin/

Ackeren, van, Isabell, Aufenanger, Stefan, Birgit Eickelmann, Steffen Friedrich, Rudolf Kammerl, Julia Knopf, Kerstin Mayrberger, Heike Scheika, Katharina Scheiter, und Mandy Schiefner-Rohs. 2019. Digitalisierung in der Lehrerbildung. Herausforderungen, Entwicklungsfelder und Förderung von Gesamtkonzepten. In *DDS – Die Deutsche Schule* 111, Heft 1: 1–17.

Anders, Petra und Michael Staiger, mit Beiträgen von Christian Albrecht; Manfred Rüsel, und Claudia Vorst. 2019. *Einführung in die Filmdidaktik*. Stuttgart: Metzler.

Anders, Petra. 2018a. Ausblick: Partizipation in einer digital geprägten Welt. In *Literalität und Partizipation*, Hrsg. Petra Anders und Peter Wieler, 393–396. Tübingen: Stauffenburg.

Anders, Petra. 2018b. Vom User zum Maker. Kinder gestalten und erzählen mit Scratch. In *Digitales Lernen in der Grundschule. Fachliche Lernprozesse anregen*, Hrsg. Birgit Brandt und Henriette Dausend, 17–36. Münster: Waxmann.

Anders, Petra. 2020. Literarisches Lernen im Kontext der Digitalität. In *Festschrift für Ulf Abraham*, abrufbar online unter: https://www.ulfabraham.de/?page_id=192, 1–18.

Arens, Katja. 2014. WhatsApp: Kommunikation 2.0. Eine qualitative Betrachtung der multimedialen Möglichkeiten. In *SMS, WhatsApp & Co. Gattungsanalytische, kontrastive und variationslinguistische Perspektiven zur Analyse mobiler Kommunikation*, Hrsg. Katharina König und Nils Uwe Bahlo, 81–106. Münster: Monsenstein und Vannerdat.

Aufenanger, Stefan. 2020. Digitale Bildung. Begründungen – theoretische Orientierungen – Ziele. In *Jahresheft 2020 #schuleDIGITAL*, 6–9. Hannover: Friedrich Verlag

Baacke, Dieter, Uwe Sander und Ralf Vollbrecht. 1990. *Lebenswelten sind Medienwelten*. Opladen: Lese & Budrich.

Balàzs, Bela. [1924] 1998. Der Sichtbare Mensch. In *Texte zur Theorie des Films*, Hrsg. Franz-Josef Albersmeier, 224–233. Stuttgart: Reclam.

Becher, Björn. 2019. Ralph reicht's 2: Chaos im Netz legt den besten deutschen Kinostart des Jahres hin. https://www.filmstarts.de/nachrichten/18523208.html.

Bertelsmann Stiftung, Hrsg. *Monitor – Digitales Lernen an Grundschule*. 2017. Gütersloh.

Bertelsmann Stiftung, Hrsg. *Monitor – Digitales Lernen an Schule*. 2017. Gütersloh.

Brendel-Perpina, Ina. 2017. Aufwachsen mit Medien – Medienwelten heute. *Connected... Kinder- und Jugendmedien heute*. kjl&m 17.2: 3–13.

Cassirer, Ernst. [1944] 1990. *Versuch über den Menschen. Einführung in eine Philosophie der Kultur*. Frankfurt/M.: S. Fischer.

Chaos im Netz (Originaltitel: Ralph breaks the Internet, R.: Rich Moore, Phil Johnston, USA 2018). Walt Disney, DVD.

Clinton, Katie, Henry Jenkins, und Jenna McWilliams. 2015. Neue Literalitäten in einer Ära der Partizipationskultur. In *Medienkultur und Bildung. Ästhetische Erziehung im Zeitalter digitaler Netzwerke*; Hrsg. Malte Hagener und Vinzenz Hediger, 203–226. Frankfurt/M./New York: Campus Verlag Kulturelle Bildung. Dateien/pdf/PresseUndAktuelles/2017/Strategie_neu_2017_datum_1.pdf. Zugegriffen am 09.10.2020.

Dhariwal, Shruti. 2017. *Scratch Memories* (Demo Video): https://www.media.mit.edu/projects/scratch-memories/overview/. Zugegriffen am 09.10.2020.

Dolata, Ulrich. 2011. *Wandel durch Technik: Eine Theorie soziotechnischer Transformation*. Frankfurt a. M.: Campus.

Ebiri, Bilge. 2018. Ralph breaks the Internet Review. https://www.nytimes.com/2018/11/19/movies/ralph-breaks-the-internet-review.html. Zugegriffen am 09.10.2020.

Frederking, Volker, Axel Krommer, und Klaus Maiwald. 2018. *Mediendidaktik Deutsch: Eine Einführung*. Berlin: Schmidt.

Fuchs, Max. 2015. Medien als Mittel der Weltaneignung. Zur Medienkompetenz als Teil der kulturellen und ästhetischen Bildung. In *Medienkultur und Bildung. Ästhetische Erziehung im Zeitalter digitaler Netzwerke*, Hrsg. Malte Hagener und Vinzenz Hediger, 39–48. Frankfurt/M.: Campus Verlag.

Gehlen von, Dirk. 2013. *Eine neue Version ist verfügbar*. Berlin: Metrolit.

Initiative D21 e.V, Hrsg. 2020. *Digital Index 2019/2020*. https://initiatived21.de/app/uploads/2020/02/d21_index2019_2020.pdf. Zugegriffen am 09.10.2020.

Jenkins, Henry, Pavi Purushotma, Margaret Weigel, Katie Clinton, und Alice Robison. 2009. *Confronting the Challenge of Participatory Culture. Media Education for the 21st Century*. Cambridge (MA): MacArthur.

Jenkins, Henry. 2006. *Convergence Culture*. New York: New York University Press.

Kabaum, Marcel, und Petra Anders. 2020. Warum die Digitalisierung an der Schule vorbeigeht. Begründungen für den Einsatz von Technik im Unterricht in historischer Perspektive. *ZfPäd*, Themenschwerpunkt Digitalisierung II, H. 3: 309–323.

Kaiser, Rachel. 2018. Ralph Breaks the Internet broke my damned heart. https://thenextweb.com/insider/2018/11/26/ralph-breaks-the-internet-review/. Zugegriffen am 09.10.2020.

Keppler, Angela, und Anja Peltzer. 2018. Die soziologische Filmanalyse – Relevanz, Vorgehen und Ziel. In *Handbuch Filmsoziologie*, Hrsg. Alexander Geimer, Carsten Heinze und Rainer Winter, 1–18. Wiesbaden: Springer VS.

Keppler, Angela. 2016. Ein Ende der Gesprächskultur? Über eine vermeintliche Folge digitaler Medien. In *tv diskurs 75*: 28–31, unter: https://tvdiskurs.de/beitrag/ein-ende-der-gespraechskultur-ueber-eine-vermeintliche-folge-der-digitalen-medien/. Zugegriffen am 09.10.2020.
Kepser, Matthis, und Ulf Abraham. ⁴2016. *Literaturdidaktik Deutsch. Eine Einführung*. Berlin: Erich Schmidt Verlag.
Kepser, Matthis. 2000. Internetliteratur im Deutschunterricht. In *Computer im Deutschunterricht der Sekundarstufe*, Hrsg. Dorothea Thomé und Günther Thomé, 107–125. Braunschweig: Westermann.
Kepser, Matthis. 2013. Deutschdidaktik als eingreifende Kulturwissenschaft. Ein Positionierungsversuch im wissenschaftlichen Feld. In *Didaktik Deutsch* 34, 52–68.
Kepser, Matthis. 2018. Digitalisierung im Deutschunterricht der Sekundarstufen. Ein Blick zurück und Einblicke in die Zukunft. In *Mitteilungen des Deutschen Germanistenverbandes* Bd. 65, H. 3: 247–268.
Kepser, Matthis. 2020. Was ist schlecht am schlechten Film? In: Praxis Deutsch 279: 38–42.
Kielblock, Kristina. 2019. Chaos im Netz: Kritik für Eltern – Sorglos ins Kino mit den Kleinsten! https://www.kino.de/film/ralph-reichts-2-chaos-im-netz-2018/news/chaos-im-netz-kritik-fuer-eltern-sorglos-ins-kino-mit-den-kleinsten/. Zugegriffen am 09.10.2020.
Klabunde, Timo. 2019. FilmTipp. https://www.visionkino.de/fileadmin/user_upload/filmtipps/pdfs/FilmTipp_Sorry_we_missed_you.pdf. Zugegriffen am 09.10.2020.
Kónya-Jobs, Nathalie. 2019. Das Social Web als literaturdidaktisches Arbeitsfeld. *MiDU – Medien im Deutschunterricht* 1, H. 1: 185–204. https://journals.ub.uni-koeln.de/index.php/midu/article/view/29/11. Zugegriffen am 09.10.2020.
Kracauer, Siegfried. 1960. *Theory of film. The redemption of physical reality*. New York: Oxford University Press.
Kröger-Bidlo. 2019. Der WhatsApp-Echtzeitstatus im Spannungsfeld von Identitätsbildung und medienpädagogischem Handeln im Deutschunterricht. *MiDU – Medien im Deutschunterricht* 1, H. 1: 101–111.
Krommer, Axel. 2020. Zum „Mehrwert" digitaler Medien. *Jahresheft 2020 #schuleDIGITAL*: 20–21.
Kultusministerkonferenz der Länder (KMK): Strategie der Kultusministerkonferenz
Mai, Manfred, und Rainer Winter. 2006. Kino, Gesellschaft und soziale Wirklichkeit. Zum Verhältnis von Soziologie und Film. In *Das Kino der Gesellschaft – die Gesellschaft des Kinos. Interdisziplinäre Positionen, Analysen und Zugänge*, Hrsg. Manfred Mai und Rainer Winter, 7–23. Köln: Halem.
Nida-Rümelin, Julian, und Nathalie Weidenfeld. 2018. *Digitaler Humanismus*. München: Piper.
Nosedive (Black Mirror 2011, Series 3, Episode 1, R.: Joe Wright, Netflix 2016)
Resnick, Mitchel. 2017. *Lifelong Kindergarten. Cultivating Creativity through Projects, Passion, Peers, and Play*. Cambridge (MA): MIT Press.
Resnick, Mitchel. o. J. https://web.media.mit.edu/~mres. Zugegriffen am 09.10.2020.
Rottensteiner, Anna. 2019. Filmkritik: Chaos im Netz. https://www.gamers.at/entertainment/filme/filmkritik-chaos-im-netz-38475. Zugegriffen am 09.10.2020.
Schering, Sydney. 2019. Chaos im Netz: Internet-Humor und Ego-Echos. https://www.quotenmeter.de/n/106633/chaos-im-netz-internet-humor-und-ego-echos. Zugegriffen am 09.10.2020.
Schotzger, Erwin. 2019. Chaos im Netz: Ralph macht das Internet kaputt. https://www.film.at/filmkritiken/chaos-im-netz-ralph-macht-das-internet-kaputt/400384067. Zugegriffen am 09.10.2020.
Sorry We Missed You (R.: Ken Loach UK/F/B 2019)
Stalder, Felix. 2016. *Kultur der Digitalität*. Berlin: Edition Suhrkamp.
Tillmann, Angela, Sandra Fleischer. und Kai-Uwe Hugger. 2013. *Handbuch Kinder und Medien*. Wiesbaden: Springer VS.
Toffler, Alvin. 1980. *Die dritte Welle, Zukunftschance. Perspektiven für die Gesellschaft des 21. Jahrhunderts*. München: Goldmann. Übers.: Toffler, Alvin. 1980. The third wave. New York: William Morrow.

Winko, Simone. 2009. Am Rande des Literaturbetriebs: Digitale Literatur im Internet. In *Literaturbetrieb in Deutschland*, Hrsg. Heinz-Ludwig Arnold und Matthias Beilein, 292–303. München: Edition Text und Kritik.

Wunder, Jörg. 2019.Verlockungen des Virtuellen. https://www.tagesspiegel.de/kultur/disneys-chaos-im-netz-im-kino-verlockungen-des-virtuellen/23900888.html. Zugegriffen am 09.10.2020.

Zywietz, Bernd. 2016. *Terrorismus im Spielfilm. Eine filmwissenschaftliche Untersuchung über Konflikte, Genres und Figuren*. Wiesbaden: Springer VS.

The manufacturer's authorised representative in the EU is Springer Nature Customer Service Centre GmbH, Europaplatz 3, 69115 Heidelberg, Germany. If you have any concerns regarding our products, please contact ProductSafety@springernature.com

Printed and bound by CPI Group (UK) Ltd, Croydon, CR0 4YY

25/03/2026

02078196-0017